何歆 主编

FUZHUANG
ZHIBAN
SHOUCE

服装制版手册

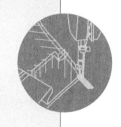

 化学工业出版社

·北京·

内 容 简 介

本书共分为 12 章，主要包括服装制版基础、衣领的结构原理与变化、衣袖的结构原理与变化、上装制版与工艺、女装原型、裙子制版、裤子制版、男装原型、童装原型、女装制版实例、男装制版实例、童装制版实例等内容。

本书内容丰富，通俗易懂，还配有大量的图片和实例，便于读者从零开始轻松地学习服装制版。

本书适合从事服装设计、服装美学工艺设计或者服装裁剪工艺和服装制作的从业人员使用，也适合服装专业的学生使用。

图书在版编目（CIP）数据

服装制版手册/何歆主编. —北京：化学工业出版社，2021.4（2024.11重印）

ISBN 978-7-122-38630-4

Ⅰ.①服… Ⅱ.①何… Ⅲ.①服装量裁-手册 Ⅳ.①TS941.631-62

中国版本图书馆 CIP 数据核字（2021）第 038468 号

责任编辑：徐　娟　　　　　　　　　　　文字编辑：沙　静　林　丹
责任校对：刘　颖　　　　　　　　　　　装帧设计：刘丽华

出版发行：化学工业出版社（北京市东城区青年湖南街 13 号　邮政编码 100011）
印　　装：北京科印技术咨询服务有限公司数码印刷分部
787mm×1092mm　1/16　印张 12½　字数 305 千字　2024 年 11 月北京第 1 版第 4 次印刷

购书咨询：010-64518888　　　　　　　　售后服务：010-64518899
网　　址：http://www.cip.com.cn
凡购买本书，如有缺损质量问题，本社销售中心负责调换。

定　　价：68.00 元

编写人员名单

主　编：何　歆

副主编：常　元　杨　旭　潘　岩

编　委：韩　雪　于小溪

前言

服装制版是现代服装工程的一部分。现代服装工程是由款式造型设计、结构设计、工艺设计三部分组成，服装制版就是其中的结构设计，它既是款式造型的延伸和发展，也是工艺设计的准备和基础。服装设计包括：款式造型设计，包括款式、面料、色彩等的表达；结构设计，也叫作制版、版型处理或打版，确定每个部位的具体规格、尺寸；工艺设计，也叫作车位，确定一件成品的缝制过程。其中制版在服装设计中间是处于一个承上启下的作用，是整个服装设计里面最重要的一个环节。制版讲究"三准一全"，即款式、尺寸、细部计算准；面、里、衬、工艺版全。服装设计师的手稿不能准确表达立体真实服装效果，更不能做功能性实验，为保证服装舒适、美观，现代服装工业化生产前要进行首件产品样衣试制。

服装制版就业前景容量巨大，因此近几年跟风学习服装制版的人络绎不绝，市场需求基本饱和。作为中国最具有国际竞争力的产业之一，中国的服装业经历着由简单的加工仿制向开发创新方面的巨大转变。服装制版师的功劳不言而喻。也正因为此，优秀的服装设计师成为各大服装企业争抢的对象，尤其是服装制版专业方向的人才更是比较难求。随着市场竞争的加剧，企业意识到原创设计对产品生命力的重要性，由此对服装制版师的技术需求越来越严格。拥有独特设计理念，深谙市场，能够进行原创服装的制版师十分紧缺。因此，高端服装制版师就业前景可谓是非常可观。在此背景下，我们策划编写了本书。

由于编写时间仓促，编写经验、理论水平有限，难免有疏漏、不足之处，敬请读者批评指正。

编　者

2020 年 10 月

1 服装制版基础

1.1 服装结构制图基本概念与术语

1.1.1 基本概念

1.1.1.1 服装结构

服装各部件与各层材料的几何形状以及相互结合的关系，包括服装各部位外部轮廓线之间的组合关系、部位内部的结构线和各层服装材料之间的组合关系。

1.1.1.2 结构制图

结构制图也称为裁剪制图，是对服装结构通过分析计算在纸张或布料上绘制出服装结构线的过程。

1.1.1.3 结构平面构成

结构平面构成又称为平面裁剪，是最常用的结构构成方法。分析设计图所表现的服装造型结构组成、形态吻合关系等，通过结构制图及某些直观的试验方法，将整体结构分解成基本部件的设计过程。

1.1.1.4 结构立体构成

结构立体构成又称为立体裁剪，能形象地表现服装和人体间的对应关系，常用于款式复杂或悬垂性强的面料的服装结构。是将布料覆合在人体或人体模型上剪切，直接将整体结构分解成基本部件的设计过程。

1.1.1.5 结构制图线条

（1）基础线　结构制图过程中使用的纵向与横向的基础线条。上装常用的横向基础线包括基本线、衣长线、落肩线、胸围线、腰节线等线条；纵向基础线包括止口线、搭门线、肩宽线、胸宽线、背宽线、后背中心线等线条（如图 1-1 所示）。下装常用的横向基础线包括基本线、裤长线、腰围线、臀围线、横裆线、中裆线、脚口线等线条；纵向基础线包括侧缝线、前裆直线、后裆直线等线条（如图 1-2 所示）。

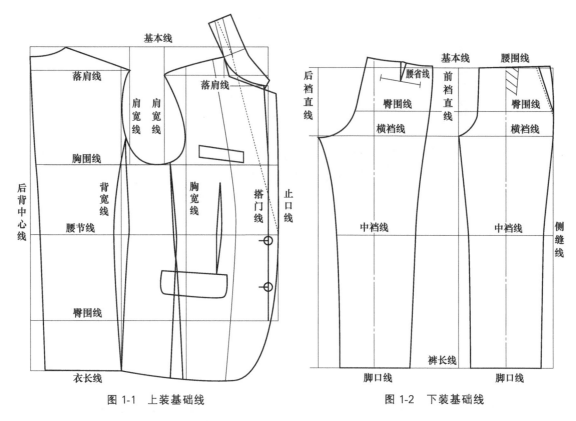

图 1-1 上装基础线　　　　　　　　图 1-2 下装基础线

（2）轮廓线　构成服装部件或成型服装的外部造型的线条。包括领部轮廓线、袖部轮廓线、底边线、烫迹线等线条。

（3）结构线　能够引起服装造型变化的服装部件外部和内部缝合线的总称。包括止口线、领窝线、袖窿线、袖山弧线、腰缝线、上裆线、底边线、省道、褶裥线等线条。

1.1.1.6　各种图示

（1）效果图　又称时装画，是设计师为表达服装的设计构思以及体现最终穿着效果的一种绘图形式，如图 1-3 所示。

（2）设计图　又称款式结构图，为表达款式造型及各部位加工要求而绘制的造型图，通常是不涂颜色的单线条画，如图 1-4 所示。要求各部位成比例，造型表达准确，工艺特征具体。

（3）示意图　为表达某部件的结构组成、加工缝合形态、缝迹类型以及成型的外部和内部形态而制定的一种解释图，在设计、加工部门之间起沟通与衔接作用，如图 1-5 所示。有展示图和分解图两种。展示图是表示服装某部位的展开示意图，一般指外部形态的示意图，作为缝纫加工时使用的部件示意图；分解图是表示服装某部位的各部件内外结构关系的示意图。

1.1.2　部位术语

1.1.2.1　肩部

肩部指人体肩端点至颈侧点之间的部位。

（1）总肩宽　自左肩端点通过颈椎点至右肩端点的宽度，简称"肩宽"。

（2）前过肩　前衣身和肩缝缝合的部位。

（3）后过肩　后衣身和肩缝缝合的部位。

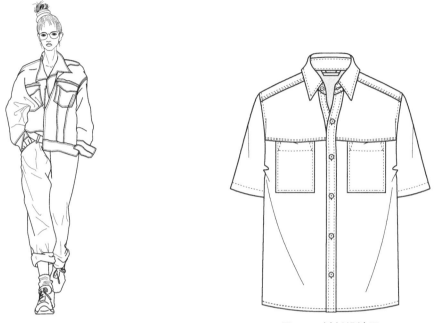

图 1-3　着装效果图　　　　　　　　图 1-4　衬衫设计图

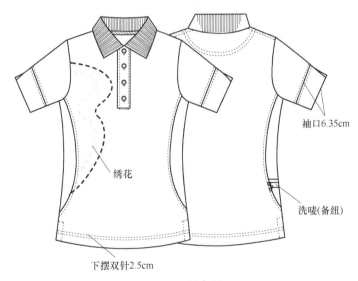

袖口6.35cm

绣花

洗唛(备纽)

下摆双针2.5cm

图 1-5　示意图

1.1.2.2　胸部

胸部指前衣身最丰满的部位，如图 1-6 所示。

（1）领窝　前后衣身和衣领缝合的部位。

（2）门襟和里襟　门襟是锁扣眼一侧的衣片；里襟是钉纽扣一侧的衣片。

（3）门襟止口　门襟的边沿，有连止口与加挂面两种形式。

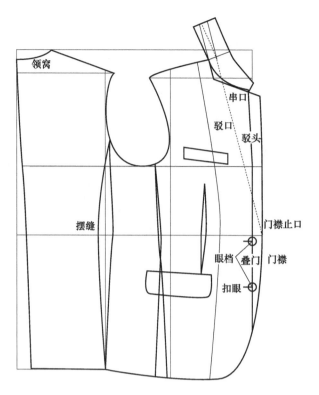

图 1-6 部位术语——胸部

(4) 叠门 门、里襟重叠的部位。叠门量通常为 1.7～8cm，一般是服装材料越厚重，使用的纽扣越大，叠门量则越大。

(5) 扣眼 纽扣的眼孔。包括锁眼和滚眼两种，锁眼根据扣眼前端形状分圆头眼和方头眼。扣眼排列形状包括纵向排列和横向排列两种形式，纵向排列时扣眼正处于叠门线上，横向排列时扣眼应在止口线一侧并超越叠门线 0.2cm 左右。

(6) 眼档 扣眼间的距离。眼档的制定通常是先制定好首尾两端扣眼，然后平均分配中间扣眼，根据造型需要眼档也可不等。

(7) 驳头 衣身随领子一同向外翻折的部位。

(8) 驳口 驳头里侧和衣领的翻折部位的总称，是衡量驳领制作质量的重要部位。

(9) 串口 领面与驳头的缝合部位。

(10) 摆缝 前、后衣身的缝合部位。

1.1.2.3 背缝

背缝是指为贴合人体或造型需要在后衣身上设置的缝合部位。

1.1.2.4 臀部

臀部是指人体臀部最丰满的部位，如图 1-7 所示。

(1) 上裆 腰头上口至裤腿分衩处之间的部位，是衡量裤装舒适及造型的重要部位。

(2) 横裆 上裆最宽处，是关系裤子造型的重要部位。

(3) 中裆 脚口至臀部的 1/2 处左右，是关系裤筒造型的重要部位。

(4) 下裆 横裆至脚口之间的部位。

1.1.2.5　省道

省道是指为适合人体或造型需要，将一部分衣料缝去，以做出衣片曲面状态或消除衣片浮起余量，如图 1-8 所示。

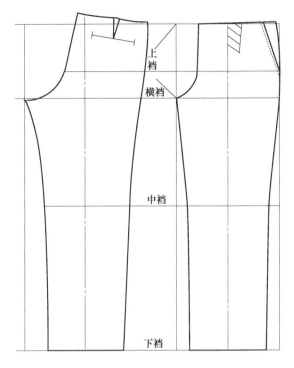

图 1-7　部位术语——臀部

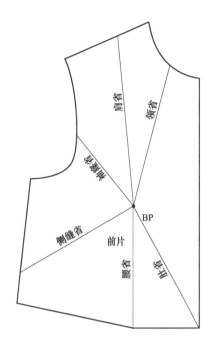

图 1-8　部位术语——省道

（1）肩省　省底在肩缝部位的省道，通常做成钉子形，且左右两侧形状相同。分为前肩省与后肩省：前肩省是做出胸部隆起状态及收去前中线处需要撇去的浮起余量；后肩省是做出背部隆起的状态。

（2）领省　省底在领窝部位的省道，通常做成钉子形。作用是做出胸部和背部的隆起状态，用于连衣领的结构设计，具有隐蔽的优点，常代替肩省。

（3）袖窿省　省底在袖窿部位的省道，通常做成锥形。分为前袖窿省和后袖窿省：前袖窿省是做出胸部隆起的状态；后袖窿省是做出背部隆起的状态。

（4）侧缝省　省底在侧缝部位的省道，通常做成锥形。主要使用于前衣身，作用是做出胸部隆起的状态。

（5）腰省　省底在腰部的省道，通常做成锥形或钉子形。作用是使服装卡腰呈现人体曲线美。

（6）肚省　前衣身腹部的省道。作用是为符合腹部凸起的状态。

1.1.2.6　裥

裥为符合体型和造型的需要将部分衣料折叠熨烫而成，由裥面与裥底组成。

1.1.2.7　褶

褶为符合体型和造型需要，将部分衣料缝缩而形成的褶皱。

1.1.2.8 分割缝

分割缝为符合体型及造型需要，将衣身、袖身、裙身、裤身等部位进行分割而设置的缝合部位，如刀背缝、公主缝。

1.1.2.9 衩

衩为服装的穿脱行走方便及造型需要而设置的开口形式，如背衩、袖衩等。

1.1.2.10 塔克

塔克是指将衣料折成连口后缉成细缝，起装饰作用，为英语"tuck"的译音。

1.1.3 部件术语

1.1.3.1 衣身

衣身是覆合在人体躯干部位的服装部件，是上装的主要部件。

1.1.3.2 衣领

衣领是覆合于人体颈部的服装部件，起保护与装饰的作用，广义包括领身和与领身相连的衣身部分，狭义单指领身。领身安装在衣身领窝上，包括下列几部分。

(1) 领上口　领子外翻的翻折线。
(2) 领下口　领子和衣身领窝的缝合部位。
(3) 领外口　领子的外沿部位。
(4) 领座　领子自翻折线至领下口的部分。
(5) 翻领　领子自翻折线至领外口的部分。
(6) 领串口　领面和挂面的缝合部位。
(7) 领豁口　领嘴和领尖间的最大距离。

1.1.3.3 衣袖

衣袖是覆合在人体手臂的服装部件，广义上包括衣袖和与袖山相连的衣身部分。袖山缝合于衣身袖窿处，包括下列几部分。

(1) 袖山　衣袖与衣身袖窿缝合的部位。
(2) 袖缝　衣袖的缝合部位，按所在部位分前袖缝、后袖缝和中袖缝等。
(3) 大袖　衣袖的大片。
(4) 小袖　衣袖的小片。
(5) 袖口　衣袖下口边沿部位。
(6) 袖克夫　缝在衣袖下口的部件，起束紧和装饰作用，是英语"cuff"的译音。

1.1.3.4 口袋

插手或盛装物品的部件，按功能和造型的需要可分为多种不同的形式。

1.1.3.5 襻

具有扣紧、牵吊等功能和装饰作用的部件，由布料或缝线制成。

1.1.3.6 腰头

与裤身、裙身腰部缝合的部件，起束腰及护腰作用。

1.1.4 结构制图术语

1.1.4.1 基础线

（1）衣身基础线 前后衣身基础线包括上衣基本线、衣长线、胸围线、腰节线、领口深线、止口线、搭门线、撇胸线、领口宽线、领口高线、肩宽线、胸宽垂线、背宽垂线、门襟圆角线、后背中线，如图 1-9 所示。

（2）衣袖基础线 衣袖基础线包括衣袖基本线、袖长线、袖山高线、袖肘线、袖口线、袖缝线，如图 1-10 所示。

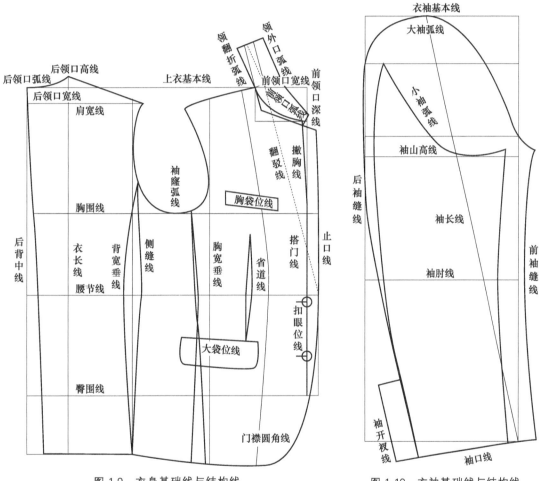

图 1-9 衣身基础线与结构线　　　　　图 1-10 衣袖基础线与结构线

（3）裤片基础线 前后裤片基础线包括裤基本线、裤长线、横裆线、臀围线、中裆线、裆弧线、下裆弧线、烫迹线、腰围线、脚口线，如图 1-11 所示。

1.1.4.2 结构线

（1）衣身、衣领结构线 前后衣身、衣领结构线包括止口线、翻驳线、袖窿弧线、侧缝线、袋位线、扣眼位线、省道线、门襟圆角线、领口弧线、领翻折弧线，如图 1-9 所示。

（2）衣袖结构线 衣袖结构线包括袖口线、前袖缝线、大袖弧线、后袖缝线、袖开衩线、小袖弧线，如图 1-10 所示。

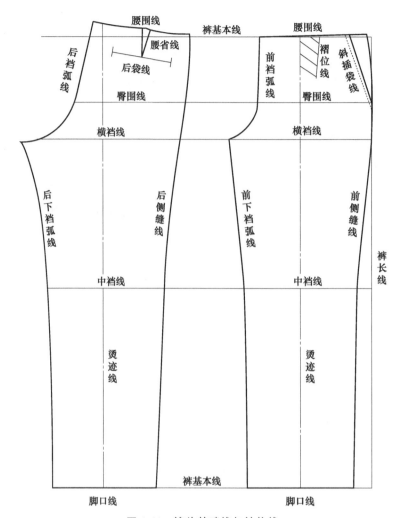

图 1-11 裤片基础线与结构线

（3）裤片结构线　前后裤片结构线包括褶位线、腰省线、后袋线、斜插袋线、脚口线，如图 1-11 所示。

1.2　服装结构制图规则、符号与工具

1.2.1　制图规则

服装结构制图的基本规则通常是先作衣身，后作部件；先作大衣片，后作小衣片；先作前衣片，后作后衣片。即先作衣片基础线，后作外轮廓结构线，最后作内部结构线。在作基础线时通常是先定长度、后定宽度，由上而下、由左而右进行。作好基础线后，根据结构线的绘制要求，在有关部位标出数个工艺点，最后用直线、曲线和光滑的弧线准确地连接各部位定点和工艺点，画出结构线。

服装结构制图主要包括净缝制图、毛缝制图、部件详图、排料图等。

净缝制图是按照服装成品的尺寸制图，图样中不包括缝份与贴边。

　　毛缝制图是在净缝制图的基础上外加缝份与贴边，剪切衣片和制作样板时不需要另加缝份和贴边。

　　部件详图是对缝制工艺要求较高、结构较复杂的服装部件，除作结构制图外，再作详图进行补充说明，以便缝纫加工时作参考。

　　排料图是记录衣料辅料划样时样板套排的图纸，多采用十分之一缩小比例绘制，图中注明衣片排列时的布纹经向方向、衣料门幅的宽度及用料的长度，必要时还需在衣片中注明该衣片的名称及成品的尺寸规格。

1.2.1.1 制图比例

　　根据应用场合的需要，服装结构制图的比例可以有所不同。常用的制图比例如表 1-1 所列。

表 1-1　制图比例

原值比例	1：1
缩小比例	1：2、1：3、1：4、1：5、1：6、1：10
放大比例	2：1、4：1

　　同一结构制图需采用相同的比例，应将比例填写在标题栏内；若需采用不同的比例，必须在每一部件的左上角标明比例，如 M1：1、M1：2 等。

1.2.1.2 制图线

　　在结构制图中常用的制图线迹包括粗实线、细实线、粗虚线、细虚线、点画线、双点画线六种。图线形式及用途如表 1-2 所列。

表 1-2　图线形式及用途　　　　　　单位：mm

序号	制图线名称	制图线形式	制图线宽度	制图线用途
1	粗实线	———	0.9	衣片、部件或部位结构线
2	细实线	——	0.3	结构基础线、尺寸线和尺寸界线、引出线
3	粗虚线	- - - - -	0.9	背面轮廓影示线
4	细虚线	- - - - -	0.3	缝纫明线
5	点画线	—·—·—	0.9	对折线
6	双点画线	—··—··—	0.3	折转线

　　同一结构制图中同类线迹的粗细需一致。虚线、点画线及双点画线的线段长短和间隔应各自相同，点画线与双点画线的两端应是线段而不是点。

1.2.1.3 字体标注

　　结构制图中的文字、数字、字母均必须做到：字体工整，笔画清楚，间隔均匀，排列整齐。字体高度（用 h 表示）包括：1.8mm、2.5mm、3.5mm、5mm、7mm、10mm、14mm、20mm，若需要书写更大的字，其字体高度可按比例递增，字体高度代表字体的号数。汉字应写成长仿宋体字，高度不应小于 3.5mm，字宽通常为 $h/1.5$。字母和数字可写成斜体或直体，斜体字字头应向右倾斜，与水平基准线呈 75°，用作分数、偏差、注脚等的数字或字母，通常采用小一号字体。

1.2.1.4 尺寸注法

　　（1）基本规则　在结构制图中标注服装各部位和部件的实际尺寸数值。图纸中（包括技术要求和其他说明）的尺寸多以 cm（厘米）为单位。

（2）尺寸界线的画法　尺寸界线用细实线绘制，可利用结构线引出细实线作为尺寸界线，如图 1-12 所示。

（3）标注尺寸线的画法　尺寸线用细实线绘制，其两端箭头需指到尺寸界线处，如图 1-13（a）所示。制图结构线不得代替标注尺寸线，一般也不得与其他图线重合或画在其延长线上，如图 1-13（b）所示。

（4）标注尺寸线及尺寸数字的位置　标注直距离尺寸时，尺寸数字通常标注在尺寸线的左面中间，如图 1-14（a）所示。

标注横距离的尺寸时，尺寸数字通常标注在尺寸线的上方中间，如图 1-14（b）所示。如横距离尺寸位置小，应用细实线引出，标注尺寸数字，如图 1-14（c）所示。

尺寸数字线不可被任何图线所通过，若无法避免，必须将尺寸数字线断开，用弧线表示，尺寸数字就标注在弧线断开的中间。

图 1-12　尺寸界线的画法

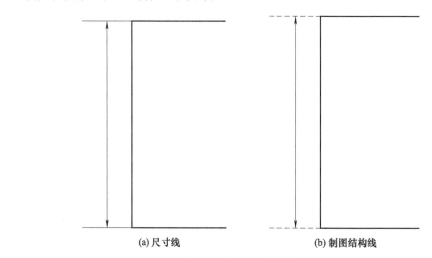

(a) 尺寸线　　　　　　　(b) 制图结构线

图 1-13　标注尺寸线的画法

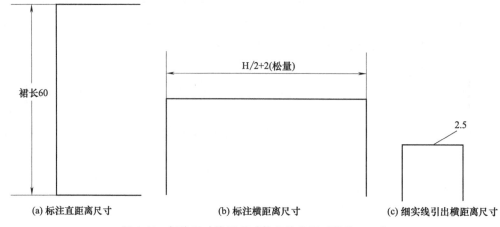

(a) 标注直距离尺寸　　　　(b) 标注横距离尺寸　　　　(c) 细实线引出横距离尺寸

图 1-14　标注尺寸线及尺寸数字的位置（单位：cm）

1.2.2 制图符号

1.2.2.1 服装结构制图符号

常用服装结构制图符号如表 1-3 所列。

表 1-3 常用服装结构制图符号

序号	符号形式	名称	说 明
1	△ 2	特殊放缝	与一般缝份不同的缝份量
2		拉链	表示装拉链的部位
3		斜料	用有箭头的直线表示布料的经纱方向
4		阴裥	裥底在下的折裥
5		阳裥	裥底在上的折裥
6	○ △ □	等量号	两者相等量
7		等分线	将线段等比例划分
8		直角	两者呈垂直状态
9		重叠	两者相互重叠
10	↓ 或 ↑	经向	有箭头直线表示布料的经纱方向
11		顺向	表示褶裥、省道、覆势等折倒方向(线尾的布料在线头的布料之上)
12		缩缝	用于布料缝合时收缩
13		归拢	将某部位归拢变形
14		拔开	将某部位拉展变形
15	⊗ ◎	按扣	两者呈凹凸状且用弹簧加以固定
16		钩扣	两者成钩合固定
17		开省	省道的部位需剪去
18		拼合	表示相关布料拼合一致
19		衬布	表示衬布

续表

序号	符号形式	名称	说　　明
20	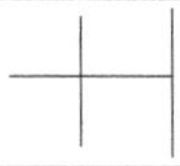	合位	表示缝合时应对准的部位
21	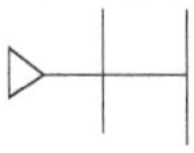	拉链装止点	拉链的止点部位
22	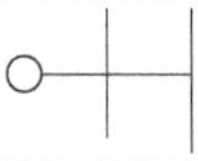	缝合止点	除缝合止点外,还表示缝合开始的位置,附加物安装的位置
23		拉伸	将某部位长度方向拉长
24		缝缩	将某部位长度缩短
25		扣眼	两短线间距离表示扣眼大小
26		钉扣	表示钉纽扣的位置
27		省道	将某部位缝去
28	 (前)　　(后)	对位记号	表示相关衣片两侧的对位
29	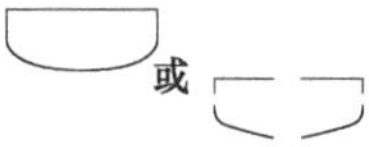 或	部件安装的部位	部件安装的所在部位
30		布环安装的部位	装布环的位置
31	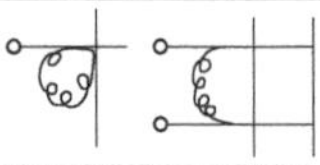	线襻安装位置	表示线襻安装的位置及方向
32	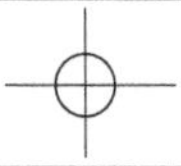	钻眼位置	表示裁剪时需钻眼的位置
33	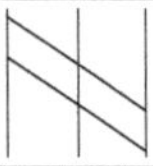	单向折裥	表示顺向折裥自高向低的折倒方向
34		对合折裥	表示对合折裥自高向低的折倒方向
35	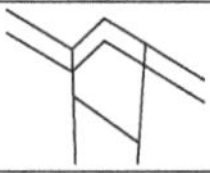	折倒的省道	斜向表示省道的折倒方向
36	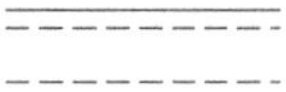	缉双止口	表示布边缉缝双道止口线

　　注:在制图中,若使用其他制图符号或非标准符号,必须在图纸中用图和文字加以说明。

1.2.2.2　服装制图主要部位代号

　　服装制图过程中应用的主要部位代号如表1-4所列。

表 1-4　服装制图主要部位代号

序号	中文	英文	代号
1	领围	Neck Girth	N
2	胸围	Bust Girth	B
3	腰围	Waist Girth	W
4	臀围	Hip Girth	H
5	肩宽	Shoulder Width	S
6	大腿根围	Thigh Size	TS
7	领围线	Neck Line	NL
8	前领围	Front Neck Girth	FN
9	后领围	Back Neck Girth	BN
10	上胸围线	Chest Line	CL
11	胸围线	Bust Line	BL
12	下胸围线	Under Bust Line	UBL
13	腰围线	Waist Line	WL
14	中臀围线	Middle Hip Line	MHL
15	臀围线	Hip Line	HL
16	肘线	Elbow Line	EL
17	膝盖线	Knee Line	KL
18	胸高点	Bust Point	BP
19	颈侧点	Side Neck Point	SNP
20	颈前点	Front Neck Point	FNP
21	后颈椎点（颈椎点）	Back Neck Point	BNP
22	肩端点	Shoulder Point	SP
23	袖窿	Arm Hole	AH
24	袖窿深	Arm Hole Line	AHL
25	衣长	Body Length	L
26	前衣长	Front Length	FL
27	后衣长	Back Length	BL
28	头围	Head Size	HS
29	前中心线	Central Front Line	CF
30	后中心线	Central Back Line	CB
31	前腰节长	Front Waist Length	FWL
32	后腰节长（背长）	Back Waist Length	BWL
33	前胸宽	Front Bust Width	FBW
34	后背宽	Back Bust Width	BBW
35	裤长	Trousers Length	TL
36	裙长	Skirt Length	SL
37	股下长	Inside Length	IL

序号	中文	英文	代号
38	前裆弧长	Front Rise	FR
39	后裆弧长	Back Rise	BR
40	脚口	Slacks Bottom	SB
41	袖山	Arm Top	AT
42	袖肥	Biceps Circumference	BC
43	袖口	Cuff Width	CW
44	袖长	Sleeve Length	SL
45	肘长	Elbow Length	EL
46	领座	Stand Collar	SC
47	领高	Collar Rib	CR
48	领长	Collar Length	CL

1.2.3　制图工具

1.2.3.1　结构制图工具

（1）米尺　以公制为计量单位的尺子，长度为100cm，为木质或塑料材质，用来测量和制图。

（2）角尺　两边呈90°的尺子，两边尺寸长度分别是35cm和60cm，为木质或塑料材质。

（3）弯尺　两侧呈弧线状的尺子。

（4）直尺　绘制直线及测量较短直线距离的尺子，其长度包括20cm、50cm等。

（5）三角尺　三角形的尺子，一个角为直角，其余角为锐角，为塑料或有机玻璃材质。

（6）比例尺　用于度量长度的工具，其刻度按长度单位缩小或放大。

（7）圆规　用来画圆的绘图工具。

（8）分规　用来移量长度或两点距离和等分直线或圆弧长度的绘图工具。

（9）曲线板　绘制曲线用的薄板。

（10）自由曲线尺　可以任意弯曲的尺，其内芯是扁形金属条，外层包软塑料，质地柔软，常用于测量人体的曲线、结构图中的弧线长度。

（11）擦图片　用于擦拭多余以及需更正的线条的薄型图板。

（12）丁字尺　绘制直线的丁字形尺，常与三角板配合使用，以绘出15°、30°、45°、60°、75°、90°等角度线及各种方向的平行线和垂线。

（13）鸭嘴笔　绘墨线用的工具。

（14）绘图墨水笔　绘制基础线和结构线的自来水笔，特点为墨迹粗细一致，墨量均匀，其规格根据所画线型宽度包括0.3mm、0.6mm、0.9mm等多种。

（15）铅笔　实寸作图时，绘制基础线可选用H或HB型铅笔，结构线可选用HB或B型铅笔；缩小作图时，绘制基础线可选用2H或H型铅笔，结构线可选用H或HB型铅笔；修正线可选用彩色铅笔。

1.2.3.2　样板剪切工具

（1）工作台板　裁剪、缝纫用的工作台。通常高为 80～85cm，长为 130～150cm，宽为 75～80cm，台面要平整。

（2）画粉　在衣料上绘制结构制图的工具。

（3）裁剪剪刀　剪切纸样或衣料时的工具。包括 22.9cm（9in）、25.4cm（10in）、27.9cm（11in）、30.5cm（12in）等数种规格，特点是刀身长、刀柄短、捏手舒服。

（4）花齿剪　刀口呈锯齿形的剪刀，主要将布边剪成三角形花边，作为剪布样用。

（5）擂盘　在结构制图或衣料上做标记的工具。

（6）模型架　分为半身或全身的人体模型，主要用于造型设计、立体裁剪、试样补正。我国的标准人体模型均采用国家号型标准制作，包括男体模型、女体模型和儿童模型等；质地有硬质（塑料材质、木质、竹质）与软质（硬质外罩一层海绵）两大类；尺码包括固定尺码与活动尺码两种。

（7）大头针　固定衣片用的针。

（8）钻子　剪切时钻洞做标记的工具，以钻头尖锐为佳。

（9）样板纸　制作结构图用的硬质纸，由数张牛皮纸经过热压黏合而成，可久用不变形。

1.3　服装制版的人体测量

1.3.1　服装制版所需要的人体测定点

服装尺寸=人体尺寸+放松量。人体的尺寸来源包括两种：一是实际测量尺寸；二是参照国家发布的服装号型标准。

正确地量体方可得到准确的尺寸数据，而正确地量体必须明确知道人体测定点，人体测定点多数是人体骨骼的起止点或中心点。为了准确测量出人体各部位的尺寸数据，以下是依据人体骨骼基本结构确定的制作服装所需要的人体测定点（图 1-15）。

（1）头顶点　以正确的姿势站立时，头部最高点，也是身高的起点。

（2）颈围前中心点（FNP）　连接左右锁骨靠前中心一端的端点线段的中点，是颈项根部稍有凹陷的地方，也是颈根围线和前中心线的交点。

（3）侧颈点（SNP）　在颈项根部周围线上，从侧面看在颈项根部宽度中点稍靠后的位置，领围线和小肩线的交点，是测量前长的起点。

（4）肩端点（SP）　自侧面看肩端的上臂部中点，在手臂根部周围线上。一般比肩峰点稍靠前，是测量肩宽、袖长的参考点。

（5）前腋点　在手臂根部周围线上，放下手臂时出现在上臂和胸部交界的纵向皱纹的起点，是测量胸宽的基准点。

（6）胸点（BP）　胸部最高点乳头位置，是服装省道和分割线的重要基准点。

（7）肩胛点　后背上部两侧肩胛骨的突出点，是上衣后片省道和分割线的基准点。

（8）腰椎骨点　共包括 5 个，在第二个与第三个之间的位置是腰部最细处，是确定腰围线位置的基准点。

（9）前腰围线中心点　腰围最细处的水平线和前中心线的交点，是测量裤子裆部总长的

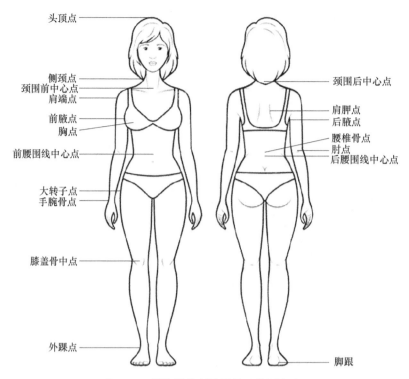

图 1-15　制作服装所需要的人体测定点

基准点。

（10）大转子点　在臀部最丰满处的水平线上确定臀围线的位置，是测量臀围、臀高的基准点。

（11）膝盖骨中点　膝盖骨的中心点，是测量裙长的基准点。

（12）颈围后中心点（BNP）　第六和第七颈椎骨之间的凸起点，是测量后衣长及背长的基准点。

（13）后腋点　与前腋点一样，放下手臂时出现在上臂与背部交界的纵向皱纹的起点。与肩端点和前腋点相同，要在手臂根部周围线上，是测量背宽的基准点。

（14）后腰围线中心点　腰围最细处水平线和后中心线的交点，是测量背长、通裆的基准点。

（15）肘点　肘关节的凸起点，稍弯曲肘部时最凸出点，是测量肘长的基准点。

（16）手腕骨点　在手腕部位后外侧凸起的骨头最下端点，是测量袖长与紧袖口的基准点。

（17）外踝点　在脚踝部位外侧的最下端点。注意它的位置比内侧的踝骨低，可作为测量裤长的基准点。

（18）脚跟　是测量人体身高的终点。

1.3.2　人体测量

1.3.2.1　量体顺序

量体要按顺序进行，以免漏量。通常顺序为先横后直，自上而下。

1.3.2.2　**量体方法**

被测量者穿好贴身内衣，测量者应站在被测量者的侧前方看体形、量尺寸。

（1）身高　头顶到脚底的垂距（图 1-16）。

（2）胸围　水平围量胸部最丰满处一周（图 1-17）。

（3）颈椎点高　BNP 点到脚底的垂距（图 1-18）。

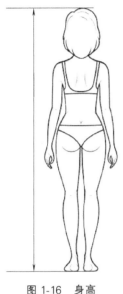

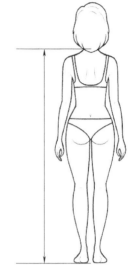

图 1-16　身高　　　　　　　　图 1-17　胸围　　　　　　　　图 1-18　颈椎点高

（4）坐姿颈椎点高　人体 BNP 点到坐量至凳面的垂距（图 1-19）。

（5）腰围高（下体长）　腰围线到脚底的垂距，是裤长参数之一（图 1-20）。

（6）全臂长　手臂自然弯曲，人体 SP 点起经过肘点直到手腕骨的距离（图 1-21）。

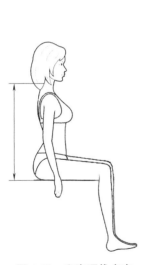

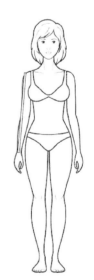

图 1-19　坐姿颈椎点高　　　　　图 1-20　腰围高　　　　　　　图 1-21　全臂长

（7）总肩宽　人体肩峰点过颈围后中心点左量至右（图 1-22）。

（8）颈围　以喉结位置向下 2cm 为起点经过颈围后中心点沿颈部围量一周（图 1-23）。

（9）腰围　水平围量腰围最细处一周（图1-24）。

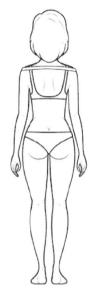

图1-22　总肩宽

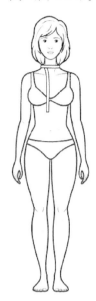
图1-23　颈围

图1-24　腰围

（10）臀围　水平围量臀部最丰满处一周（图1-25）。

（11）腹围　水平围量腹部最凸出部位一周（图1-26）。

（12）头围　过前额直到脑后突出部位围量一周，是帽宽的参数（图1-27）。

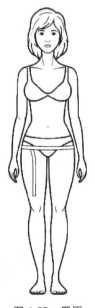
图1-25　臀围

图1-26　腹围

图1-27　头围

（13）背长　BNP到腰围线的距离（图1-28）。

（14）臀高　腰围线到臀围线之间的距离（图1-29）。

（15）股长　股上腰围线（腰围最细处）坐量至凳面的长度，是确定立裆的参数（图1-30）。

（16）上体长　头顶点到腰围线的距离（图1-31）。

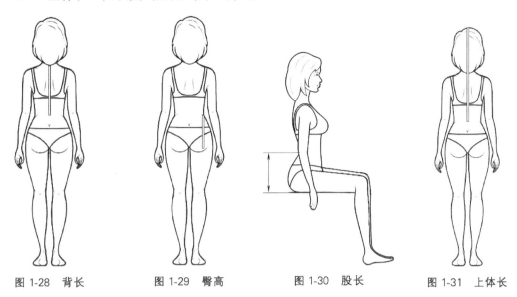

图1-28　背长　　　　　图1-29　臀高　　　　　图1-30　股长　　　　　图1-31　上体长

（17）裙长　腰围线到膝盖骨中点的距离，是裙原型长，具体款式要根据设计在此基础上增减（图1-32）。

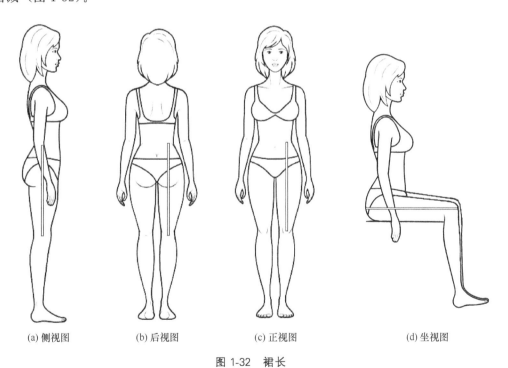

(a)侧视图　　　　　(b)后视图　　　　　(c)正视图　　　　　(d)坐视图

图1-32　裙长

（18）股下　又称为内长，腰围高减去股长。

（19）后腰节　从后面量人体 SNP 直到腰围线（图1-33）。

（20）前腰节　从 SNP 通过 BP 直到腰围线（图1-34）。

（21）后衣长　BNP 至款式所需长度。

（22）前衣长　人体 SNP 至款式所需长度。

(23) 肘长　SP 至肘点间距（图 1-35）。

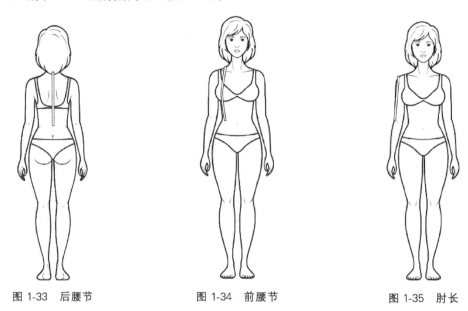

图 1-33　后腰节　　　　　　　　图 1-34　前腰节　　　　　　　　图 1-35　肘长

(24) 裤长　腰围高加、减离地尺寸（裤口在脚底以上为减，在脚底以下为加）。加、减离腰尺寸（裤腰在腰围线以上为加，在腰围线以下为减）。

(25) 胸宽　前胸两腋点间距离（图 1-36）。

(26) 背宽　后背两腋点间距离（图 1-37）。

(27) 胸点高　侧颈点（SNP）到胸点（BP）的距离（图 1-38）。

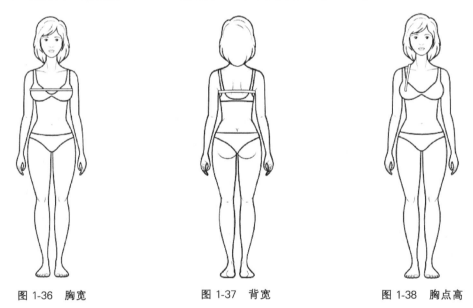

图 1-36　胸宽　　　　　　　　　图 1-37　背宽　　　　　　　　　图 1-38　胸点高

(28) 胸点间距　胸点之间的距离（图 1-39）。

(29) 颈根围（基础领围）　过人体颈项根部 FNP、SNP、BNP 沿颈根围量一周（图 1-40）。

(30) 臂根围（AH 的基础尺寸）　手臂与上身结合处周围过 SP 前、后腋点量一周（图 1-41）。

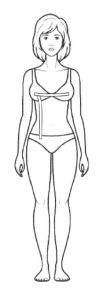
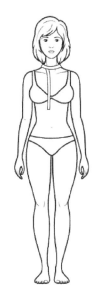

图 1-39　胸点间距　　　　　　　图 1-40　颈根围　　　　　　　图 1-41　臂根围

（31）上臂围　上臂最粗位围量一周（图 1-42）。

（32）肘围　弯曲肘部量关节凸出位围量一周（图 1-43）。

（33）腕围　量手腕一周（图 1-44）。

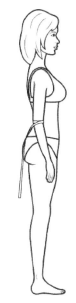

图 1-42　上臂围　　　　　　　图 1-43　肘围　　　　　　　图 1-44　腕围

（34）手掌围　量手指并拢手掌一周，即袖口最小值（图 1-45）。

（35）脚踝围　量脚踝一周，是裤口的参数，可作为自然裤形时西裤裤口（图 1-46）。

（36）大腿围　腿根最粗位围量一周（图 1-47）。

（37）膝围　弯曲膝关节在凸出位围量一周（图 1-48）。

（38）裤子裆部总长　腰围线前中心点向下绕到后，然后向上量至腰围线后中心点（图 1-49）。

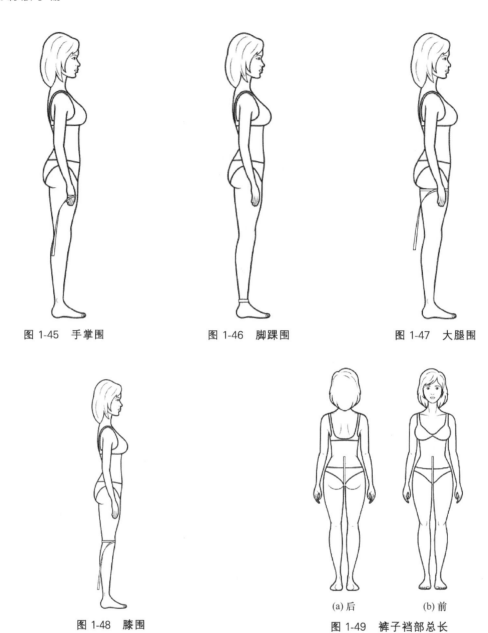

图 1-45 手掌围   图 1-46 脚踝围   图 1-47 大腿围

图 1-48 膝围   (a) 后   (b) 前

图 1-49 裤子裆部总长

这些是制作服装所必需的人体部位尺寸，是与其对应的服装部位尺寸的参数。制版时不是每件衣服均需全部测量，但作为服装设计人员掌握这些是必要的。

1.3.3 服装的放松量与空隙量

服装尺寸＝人体尺寸＋放松量。对不同种类的服装及不同体形的人体，服装放松量的把握，需要有长期的实践经验。初学者在无法确定服装放松量的情况下，可根据服装与人体之间的空隙量作为参考，计算服装的放松量。

用服装空隙量求放松量的方法是：将人体和服装对应部位的围度截面看作两个同心的圆，它们的周长差为放松量，它们的半径差为空隙量（图 1-50）。

圆的周长公式：周长＝$2\pi r$

半径 $(r) = \dfrac{周长}{2\pi}$

为方便计算：设 O 点为同心圆的圆心，OA 为净围半径，OB 为成品围半径，AB 为空隙量。

$$放松量 = (2\pi \times OB) - (2\pi \times OA)$$
$$= 2\pi \times (OB - OA)$$
$$= 2\pi \times AB$$

取 $\pi = 3.14$，得出：放松量 $= 6.28 \times$ 空隙量。

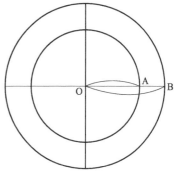

图 1-50　服装的放松量与空隙量

1.4　两种常见的制版方法

1.4.1　直接制版

直接制版是服装制版中最简单的一种制版方法，是在不借助原型的过程中完成的制版。

下列制版举例的图中所标注的文字代表各部位名称，制作款式不同，数据也不同，因此在依照此步骤制版时，将各款式数据代入即可。

1.4.1.1　绘制后片

步骤1：如图1-51所示，作后中线的垂线；根据测量尺寸在后中线上作胸围线、腰围线及底摆线；作后领宽线与后领深线，将后领宽三等分，作后领圈弧线。

步骤2：如图1-52所示，根据肩宽绘制肩斜线；确定后衣身宽，绘制背宽线与后袖窿弧线。

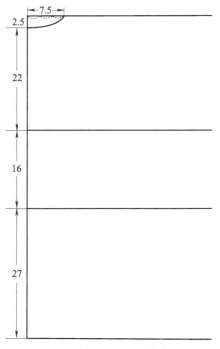

图 1-51　后片制版（一）（单位：mm）

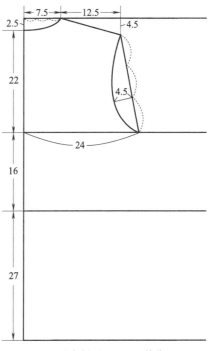

图 1-52　后片制版（二）（单位：mm）

步骤 3：如图 1-53 所示，调整侧缝线与底摆线，绘制省道，后片制版完成。

1.4.1.2 绘制前片

步骤 1：如图 1-54 所示，绘制上平线与前中线，按照规格尺寸绘制出胸围线、腰围线及底摆线；确定前领宽及前领深，绘制前领圈弧线。

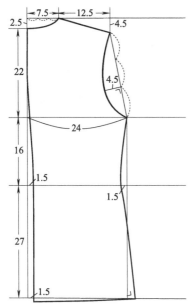

图 1-53 后片制版（三）（单位：mm）

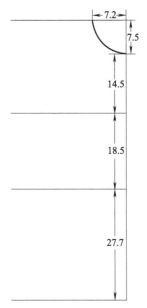

图 1-54 前片制版（一）（单位：mm）

步骤 2：如图 1-55 所示，平移前中线，距离为门襟宽；绘制肩斜线，确定前片衣身宽、胸宽线，绘制前袖窿弧线。

步骤 3：如图 1-56 所示，调整侧缝线与底摆弧线，绘制省道，定扣位，前片制版完成。

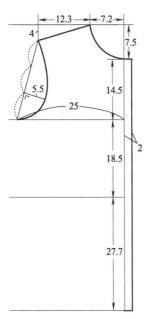

图 1-55 前片制版（二）（单位：mm）

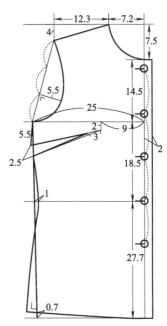

图 1-56 前片制版（三）（单位：mm）

1.4.1.3 绘制袖片

步骤1：如图1-57所示，绘制十字；量取前后袖窿弧线连接至十字水平线；将袖山高五等分，取五分之二处绘制袖基线。

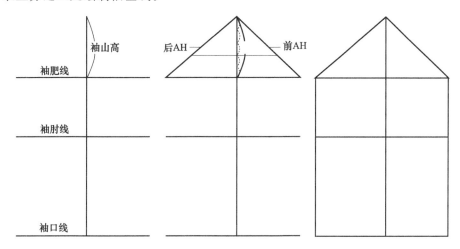

图1-57 袖片制版（一）

步骤2：如图1-58所示，将前后AH四等分，分别在四分之三处作垂线，在基线和前AH相交处往上定点1cm，在基线与后AH相交处往下定点1cm。

步骤3：如图1-59所示，连接各点形成袖山弧线；绘制两侧袖缝线和袖口线；绘制袖肘线，调整袖口弧线，袖片制版完成。

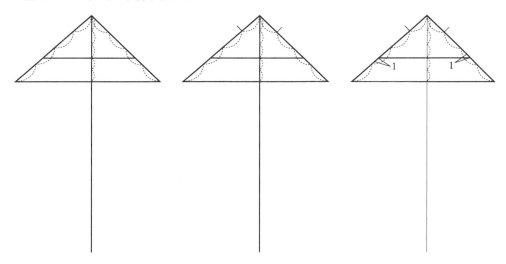

图1-58 袖片制版（二）

1.4.1.4 绘制两片袖

步骤1：如图1-60所示，绘制袖片框架，与一片袖相同。

步骤2：如图1-61所示，绘制袖山弧线；绘制大小袖片袖缝线。

步骤3：如图1-62所示，将袖缝线绘制圆顺，拼接小袖片，两片袖制版完成。

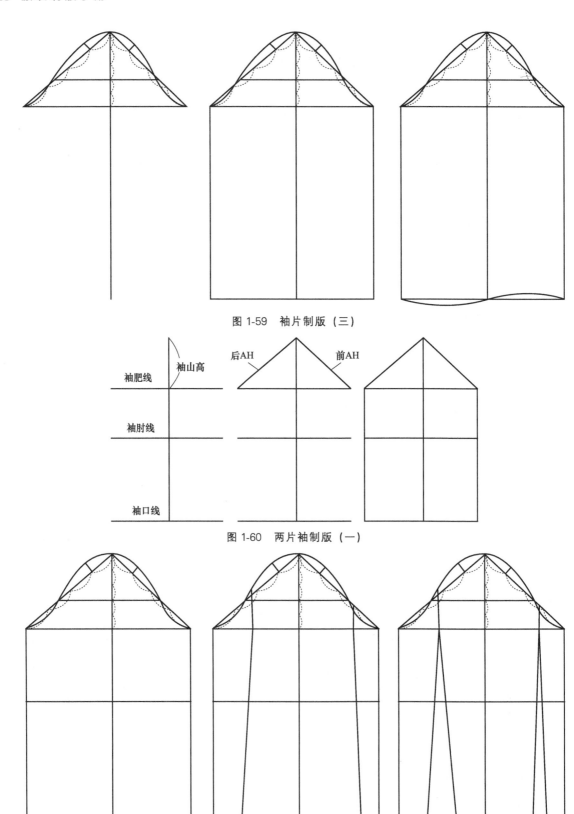

图 1-59　袖片制版（三）

图 1-60　两片袖制版（一）

图 1-61　两片袖制版（二）

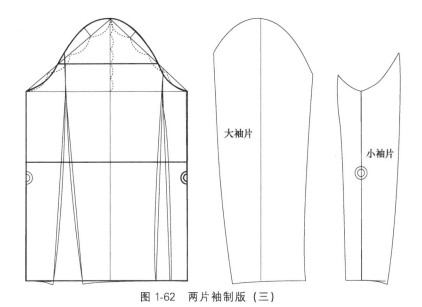

图 1-62 两片袖制版（三）

1.4.1.5 插肩袖制版

步骤 1：如图 1-63 所示，绘制衣身框架。

步骤 2：如图 1-64 所示，在后领圈弧线上选取一段距离，连接胸围线，平分此线段，在线段中点向下 1cm 处定点，绘制袖窿弧线。

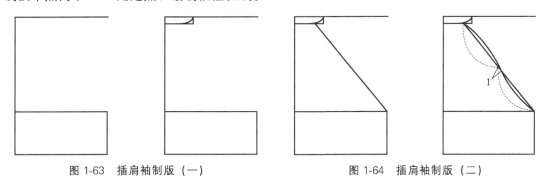

图 1-63 插肩袖制版（一）　　　　图 1-64 插肩袖制版（二）

步骤 3：如图 1-65 所示，绘制肩线，作肩点的垂线，两条垂线长度相同，形成直角三角形，直角三角形斜边中点和肩点相连，延长此线段表示袖长。作袖长的垂线绘制袖口。

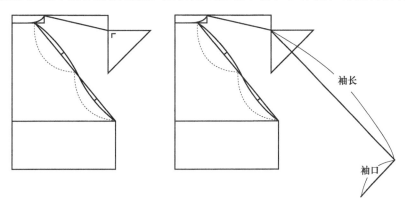

图 1-65 插肩袖制版（三）

步骤 4：如图 1-66 所示，在袖长线上定出袖山高，绘制袖肥宽线，将袖窿弧线下段拷贝翻转到袖肥宽末端，形成新的袖窿弧线，将两条袖缝线画顺，插肩袖制版完成。

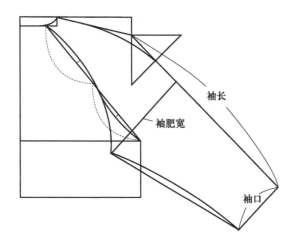

图 1-66　插肩袖制版 (四)

1.4.1.6　裤片制版

步骤 1：如图 1-67 所示，绘制前裤片框架；将上裆长三等分，取三分之一处绘制臀围线；定臀宽。

步骤 2：如图 1-68 所示，腰口处从侧缝量进，定点，计算得出腰宽，绘制前裆线与侧缝弧线。

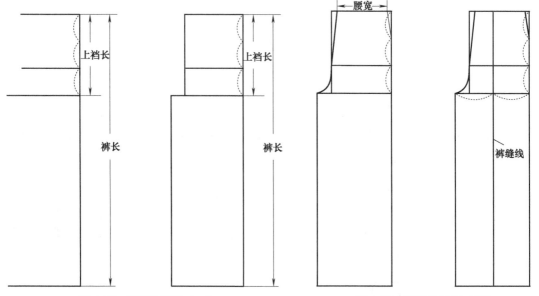

图 1-67　前裤片制版 (一)　　　　　图 1-68　前裤片制版 (二)

步骤 3：如图 1-69 所示，确定膝围线；在前裆线上量进，绘制前腰弧线，经由计算得出省量并将省量分配至各省道。

步骤 4：如图 1-70 所示，确定脚口大小，绘制裆缝和侧缝线，前裤片制版完成。

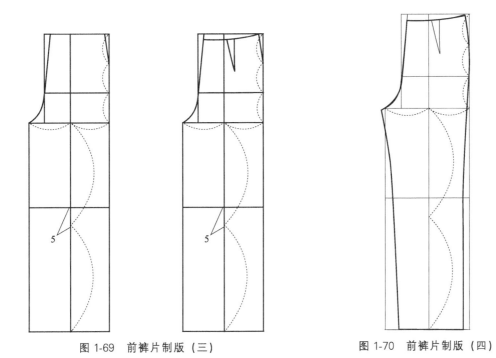

图 1-69　前裤片制版（三）　　　　　　　图 1-70　前裤片制版（四）

步骤 5：如图 1-71 所示，绘制后片框架，在腰围线上定点，连接臀围线和臀宽线相交处。

步骤 6：如图 1-72 所示，绘制后裆缝和后腰弧线，并将后腰弧线三等分，在等分处添加省道。

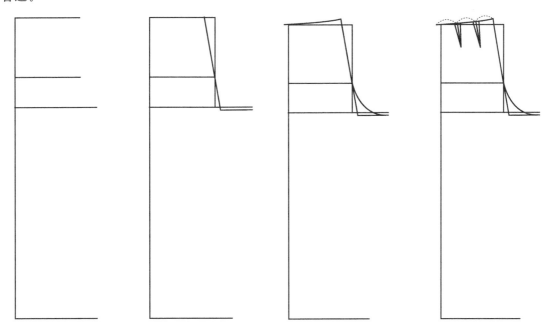

图 1-71　后裤片制版（一）　　　　　　　图 1-72　后裤片制版（二）

步骤 7：如图 1-73 所示，确定膝围线，绘制内裆和侧缝线，后裤片制版完成。

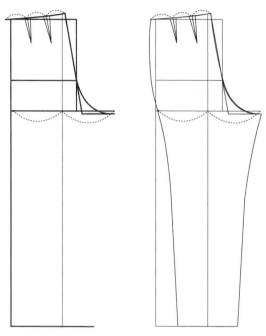

图 1-73　后裤片制版（三）

1.4.2　原型制版

　　原型制版是来自日本的制版方法，以人体的净样数据为依据，加上固定的放松量，经过计算按照比例分配绘制而成的平面展开图，再以此为基础进行各种变化款式服装的绘制。原型制版过程中具体位置有具体的数值表示，举例说明如下。

　　制版规格：胸围 84cm，腰围 66cm，背长 38cm，袖长 50.5cm。

　　步骤 1：如图 1-74 所示，根据 B/2+6cm 绘制前后衣片宽，作衣片宽的垂线 38cm，按照 B/12+13.7cm 确定胸围线（B 为胸围）。

　　步骤 2：如图 1-75 所示，根据 B/8+7.4cm 确定背宽线并且从背长顶点向下量，取 8cm 作肩胛骨高线。

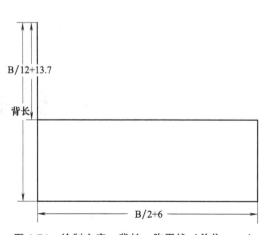

图 1-74　绘制衣宽、背长、胸围线（单位：cm）

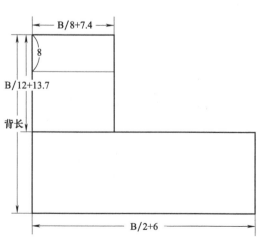

图 1-75　绘制背宽线（单位：cm）

步骤3：如图1-76所示，绘制前片框架，沿胸围线向上量取 B/5＋8.3cm，以 B/8＋6.2cm 绘制胸宽线。

步骤4：如图1-77所示，绘制前后领圈弧线，在前片框架上平线取 B/24＋3.4cm＝■作为前领宽，■＋0.5cm 作为领深，绘制矩形，连接对角线，取对角线三分之一向下0.5cm定点，经过该点连接领宽点和领深点，形成前领圈弧线；在后片框架上平线取■＋0.2cm作为后领宽，取后领宽的三分之一作为后领高数据，画出弧线，形成后领圈弧线。

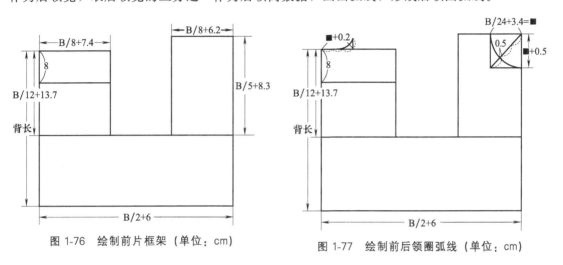

图 1-76　绘制前片框架（单位：cm）　　　　图 1-77　绘制前后领圈弧线（单位：cm）

步骤5：如图1-78所示，绘制前后肩线，从前领宽点向下量取角度22°，形成前肩斜，前肩斜线和胸宽线相交点延长1.8cm作为前肩线长度，用△表示。后肩斜角度为18°，肩线长度是△＋肩省。

步骤6：如图1-79所示，平分肩胛骨线和胸围线之间的距离，中点向下0.5cm定点；胸宽线向后片方向平移 B/32cm 定点；以两点为原点画相交线。平分相交线之间的距离，取中点向下作垂线，即侧缝线。

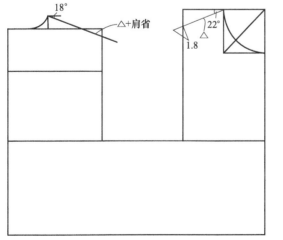
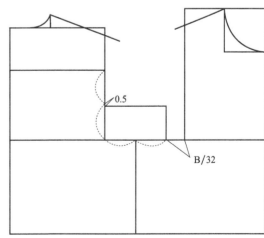

图 1-78　绘制前后肩线（单位：cm）　　　　图 1-79　绘制侧缝线（单位：cm）

步骤7：如图1-80所示，平分胸宽距离，中点往前中线平移0.7cm，作为 BP 点，连接 BP 点和步骤6所描述点，将该线段向上旋转（B/4－2.5）°，形成省道，即胸省。

步骤 8：如图 1-81 所示，绘制前后袖窿弧线，将侧缝线和胸宽线之间的距离三等分，取其中一等分的距离作为袖窿深参考，用●表示。前袖窿深为●＋0.5cm，后袖窿深为●＋0.8cm，经过该点连接侧缝点和肩点，形成袖窿弧线。

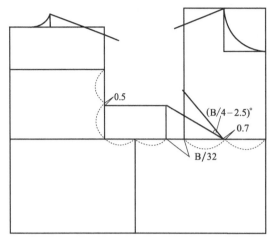

图 1-80　绘制胸省（单位：cm）　　　　　　图 1-81　绘制前后袖窿弧线（单位：cm）

步骤 9：如图 1-82 所示，绘制肩省，肩胛骨线中点向侧缝方向平移 1cm，将 1cm 点垂直连向肩线，在距离肩线相交点 1.5cm 处画省道，省道宽为 B/32－0.8cm。

步骤 10：如图 1-83 所示，绘制腰省，腰省计量公式为：总省量＝胸围－腰围，不同部位各占不同比例，绘制后腰省时省尖向胸围线以上提高 2cm，绘制前腰省时，省尖点距离 BP 点 2～3cm。

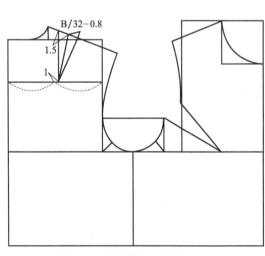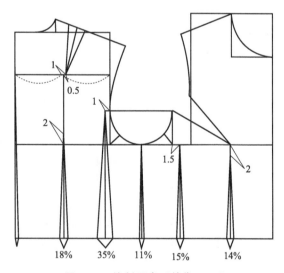

图 1-82　绘制肩省（单位：cm）　　　　　　图 1-83　绘制腰省（单位：cm）

步骤 11：第八代文化式原型制版完成，如图 1-84 所示。

步骤 12：袖片制版，如图 1-85 所示，提取前后袖窿弧线并自肩点作侧缝线的垂线，平分两垂线间的距离，然后将两垂线中点至袖窿底部距离六等分，取六分之五处为袖山高。

步骤 13：绘制袖山斜线，如图 1-86 所示，根据前后袖窿弧线长度确定袖山斜线长。

步骤 14：绘制袖山弧线，如图 1-87 所示，将前袖山斜线四等分，取四分之三处作垂线 1.8～

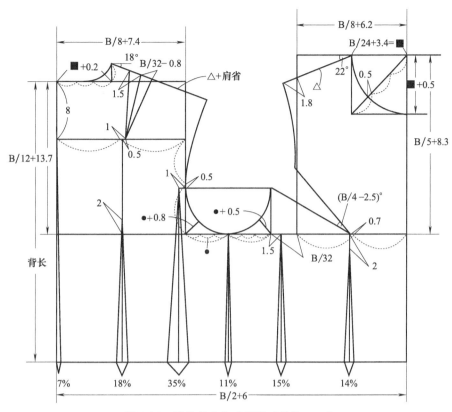

图 1-84 第八代文化式原型（单位：cm）

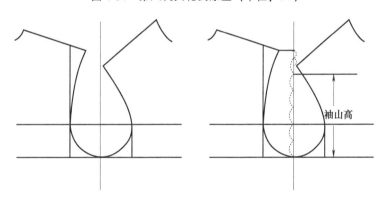

图 1-85 提取前后袖窿弧线

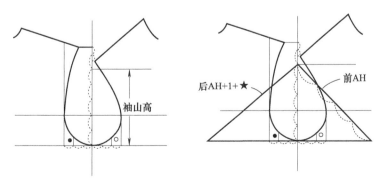

图 1-86 绘制袖山斜线

1.9cm，后袖山弧线同时操作，前袖山斜线和基线相交点往上 1cm，后袖山斜线和基线相交点向下 1cm，定点。

步骤 15：过四点和袖山高点连线形成袖窿弧线，确定袖中线和袖口线，袖片原型制版完成，如图 1-88 所示。

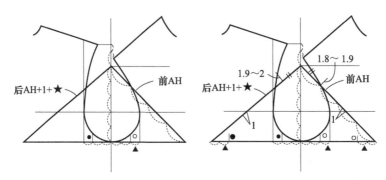

图 1-87　绘制袖山弧线（单位：cm）

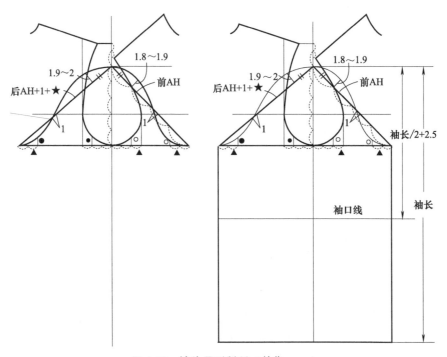

图 1-88　袖片原型制版（单位：cm）

2. 衣领的结构原理与变化

衣领的变化丰富多彩，制图的方法也很多，为了方便记忆，有效率地学习，可以将它分为领口领、两用领、平领、立领、翻驳领、其他领（包括帽领和无串口领）六种类型，以便总结出变化的规律。

2.1 领口领

领口领又称为无领、原型领口，是衣领变化的基础，所有有领结构的领子都与领口密切相关。

2.1.1 圆形领

圆形领口本身就是合体的圆形领。圆形领的开宽量比较自由，以颈点为参考点，根据造型而移动，在前、后衣片均是一整片时，领口尺寸不大于头围的，领口要留有开口，当领口开宽量较大时，前领开宽量要小于后领开宽量0.5～0.7cm。圆形领如图2-1所示。

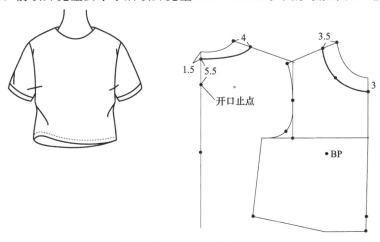

图 2-1 圆形领（单位：cm）

2.1.2 一字领

一字领的领型呈水平直线或是水平弧线状，如同汉字的"一"。一字领的领宽开宽量较大时，前领开宽量应小于后领开宽量1cm。一字领的领围前中心点通常不低于原型颈围前中心点。在不开门的情况下，领口不大于头围时也应留有开口。一字领如图2-2所示。

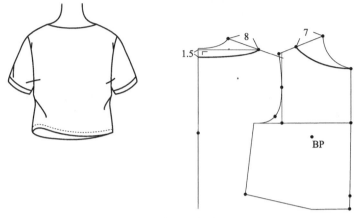

图 2-2　一字领（单位：cm）

2.1.3　V 形领

　　V 形领的领型类似英文字母中的"V"，该领型呈倒三角形，在数学里，倒三角形是最不稳定的几何图形，因此，V 形领给人的感觉是运动、活泼、向上、成功及有活力。侧领点通常开宽 0～1cm，领围前中心点开深应参照胸点位置，一般不低于原型胸围线（非贴身穿的衣服除外）。领口不大于头围时需留有开口，如图 2-3（a）所示。外衣类的衣服多是开门领的，如图 2-3（b）所示。

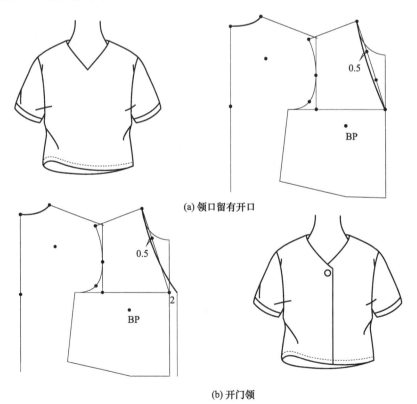

(a) 领口留有开口

(b) 开门领

图 2-3　V 形领（单位：cm）

2.2 两用领

两用领又称开关领，是指可敞开、可关闭的领型。两用领分普通两用领和有领座两用领。

2.2.1 普通两用领

普通两用领采用直角式制领方法。参考号型 160/84A 制图必要尺寸：翻领宽、底领宽、领围（前领弧、后领弧）。

按图 2-4 取领弯度值 ba＝翻领宽－底领宽＋2cm。

定数 2cm 是由立裁得到的结果。当翻领宽＝底领宽时，线段 ba＝2cm。得出：领弯度值随翻领宽和底领宽差数的增减而增减。

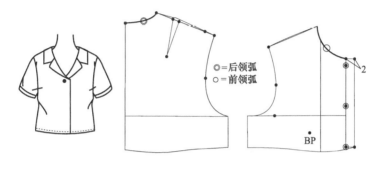

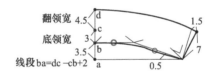

图 2-4 普通两用领（单位：cm）

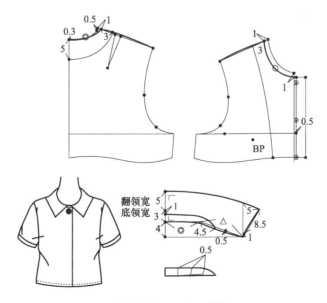

图 2-5 有领座的两用领（单位：cm）

2.2.2 有领座的两用领

与图 2-4 制图方法、取值的规律相同，将底领的一部分作为领座。

领座叠缩，叠缩量可根据面料的薄厚，稍做调整，必要时领面对应线也可做叠缩，这样做是为了消除领上口线处的余褶，使领子更加美观合体。有领座的两用领如图 2-5 所示。

2.3 平领

平领是指领座极低、比较服帖的一类领子，它实际上是一种特殊的翻领。平领可分为娃娃服领、尖角领、带搭门的平领、海军领、披肩领、波浪领等。这里重点介绍以下几种。

2.3.1 娃娃服领

娃娃服领是依托前后衣片制图的。将前、后衣片在侧领点对齐，使后肩线与前肩线重叠，重叠量是前片小肩宽的 1/5～1/3，比较常用的是 1/4。重叠量小时，领子会平贴在肩部；重叠量大时，领子的外围线会变短，领子的外围线会下不去，被向上推，形成略有立体感的平领。

领前、后中心点的偏移，是为了调节领子弧线与领口弧线等长。娃娃服领如图 2-6 所示。

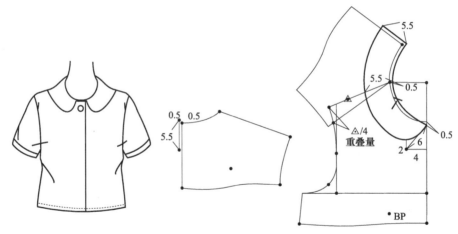

图 2-6 娃娃服领（单位：cm）

2.3.2 带搭门的平领

带搭门的平领制图，领深的变化比较自由，可依托前、后衣片上设计不同的造型，制图时和娃娃服领的不同点是，将领子前中心点延长到止口线，其他参照娃娃服领制图方法。带搭门的平领如图 2-7 所示。

2.3.3 海军领

衣身前片为一整片，领深点下应留有开口，开深量可根据设计而定。开深量较大时，要

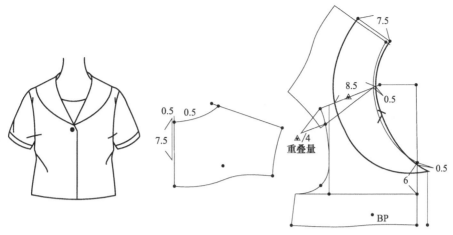

图 2-7 带搭门的平领（单位：cm）

加胸挡布。制图及变化调节方法与娃娃服领相同。海军领如图 2-8 所示。

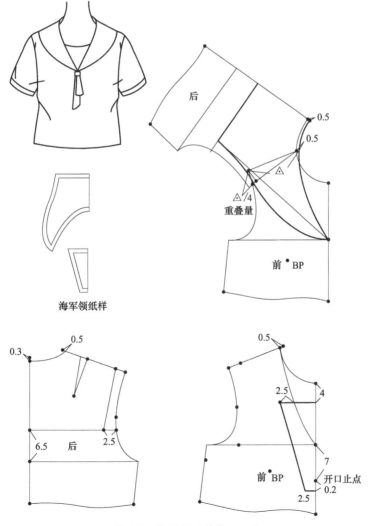

图 2-8 海军领（单位：cm）

2.4 立领

立领造型简单，实用性较强，是一种没有翻领的领型。由领圈和领片组成。立领包括中式立领、衬衫领、连身立领、中山装领、系结领等，这里重点介绍以下几种。

2.4.1 立领的变化原理

以领高、领围的 1/2 为边长，作矩形，按图 2-9 作 3 条褶线。

（1）如图 2-9（a）由上向下，剪开褶线到底部，不能剪断，叠缩领上口，每道褶线叠缩

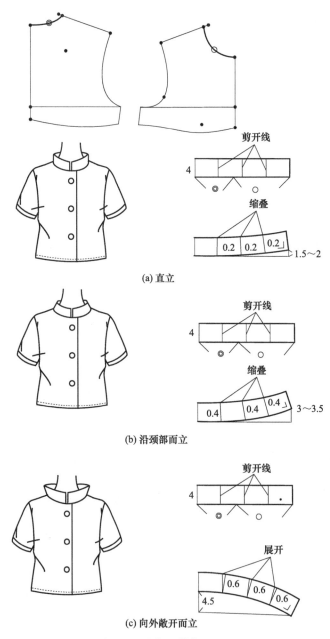

(a) 直立

(b) 沿颈部而立

(c) 向外敞开而立

图 2-9 立领（单位：cm）

0.2cm，得到领子前中心点离开水平线 1.5～2cm，这时的领子是直立的。

（2）如图 2-9（b），和图 2-9（a）方法相同，每道褶线叠缩量增加到 0.4cm，得到领子前中心点提高 3～3.5cm，此时领子是沿着颈部而立的，是抱脖度较好的领子。

（3）如图 2-9（c）由上向下剪开褶线，不可剪断，按图展开褶线，使领上口线变长，成为向外敞开的立领。

以上是通过加褶线、叠缩、延展，用立裁的方法得到的制领原理。用这个简单的原理，不用记忆公式和定数，即可自行设计各种不同造型的领子。

2.4.2 中式立领

这是一种传统的制领方法。制图简洁，抱脖度好，适合中式上衣和旗袍，和其他领一样制图只做一半，另一半做对称，检查领子弧线是否圆顺。中式立领如图 2-10 所示。

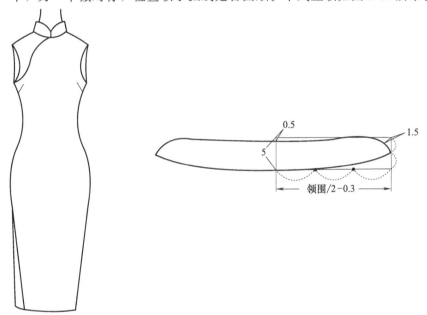

图 2-10 中式立领（单位：cm）

2.4.3 衬衫领

以衬衫领制领方法之一的直角式制领为例，如图 2-11 所示。

衬衫领领口，领围前中心点由原型 FNP 点向下落 0.5cm，其他颈点不动，用原型颈点确定领口。

衬衫领由翻领与底领两部分组成，用前领弧＋后领弧作为底领下口尺寸制图，衬衫领的领围是指底领上口尺寸，这是和其他领不同的。

底领通过领围前中心点垂直向上的量控制领弯度，使得领上口尺寸缩短，普通的衬衫领上口通常取颈围加 2～3cm。

翻领制图和底领的方向相反，但是规律是相同的。翻领上口线比底领上口线弯度略大，它控制领外口线的长度，翻领上口线弯度越大，领外口线越长。当翻领宽和底领宽的差变化较大时，要得到松紧适宜的数据，将领片放在人台上与颈点对位，用图 2-9 叠缩、延展的方法加以修正。

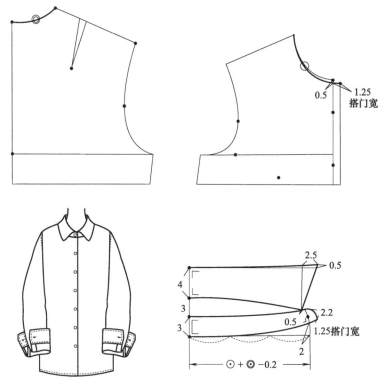

图 2-11　衬衫领（单位：cm）

2.4.4　连领座的衬衫领

领后中心点，向上 1.5cm（按翻领宽 4.5cm—底领宽 3cm 得到）。此外，领座增加搭门宽 2cm，如图 2-12 所示。其他参照图 2-4 普通两用领的制图方法。

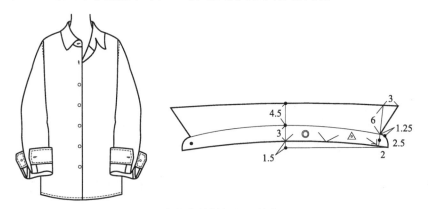

图 2-12　连领座的衬衫领（单位：cm）

2.4.5　连身立领

后片：领后中心在原型 BNP 点向上延长到领高 2.5cm，侧颈点沿肩线开宽 0.7cm，确定侧领点，作立领线 1.5cm，角度向内斜 11°（正常人体颈侧斜角约 11°），用圆顺的曲线连接领弧线和肩线画圆顺。

　　前片：侧领点与后片相同方法等量开宽，立领线和后片等长，再按图向上 0.7cm 与肩线画圆顺。当连身立领领高较高时（大于 2.5cm），前立领线角度应随领高的增加而变化至接近人体肩颈斜角 11°。若要求抱脖度很高时，参照省道转移的方法转领口省，根据连身立领上口的尺寸修正省边。领围前中心点下落一般不低于原型胸围线，应考虑领口与胸点周围的距离，以防暴露身体（不贴身穿的衣服可不受限制）。

　　另外，因为前后都是整片，要测量领子尺寸，当领子尺寸不大于头围时，要留有开口。前开门的款式多用于外衣类的服装，如图 2-13 所示。

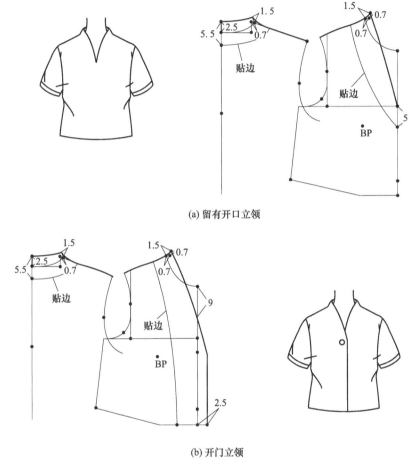

(a) 留有开口立领

(b) 开门立领

图 2-13　连身立领（单位：cm）

2.5　翻驳领

　　翻驳领是关闭式领型里的一种，也是领子品种变化最丰富的一种，它是由相连的领座与翻领和驳头组成。翻驳领制图采用连身制领的方法，翻驳领与衣身配合变化驳头和领角的形状、大小和位置可做很多不同的设计，如青果领、意大利领、披肩领等。

2.5.1　翻驳领制图的图元名称

　　翻驳领制图较为严谨，结构线和辅助线比较多，明确结构图元名称，按步骤和顺序制图会比较容易。翻驳领图元名称如图 2-14 所示。

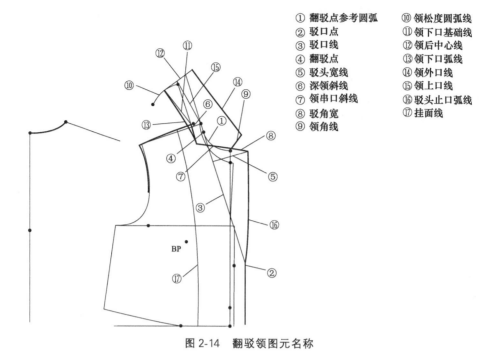

① 翻驳点参考圆弧　　⑩ 领松度圆弧线
② 驳口点　　　　　　⑪ 领下口基础线
③ 驳口线　　　　　　⑫ 领后中心线
④ 翻驳点　　　　　　⑬ 领下口弧线
⑤ 驳头宽线　　　　　⑭ 领外口线
⑥ 深领斜线　　　　　⑮ 领上口线
⑦ 领串口斜线　　　　⑯ 驳头止口弧线
⑧ 驳角宽　　　　　　⑰ 挂面线
⑨ 领角线

图 2-14　翻驳领图元名称

2.5.2　平驳头西服领

（1）平驳头西服领制图　西服领是较为典型的翻驳领，下面以平驳头西服为例详细分析并进行翻驳领制图。

[制图尺寸]

底领宽 3cm，翻领宽 4cm。

[制图要点]

平驳头西服领如图 2-15 所示。

① 首先原型转撇胸定位，根据西服内所穿的衬衣厚度，按图 2-15 通过对侧颈点的移位增加的松量确定侧领点。以前侧领点作为参考点，向右偏移 2.4cm（底领宽×0.8cm）定点，以此点向前中心线的延长线作垂线，垂足作为圆心，垂线作为半径作①翻驳点参考圆弧。

② 定②驳口点，以原型胸围线和前中心线的交点为参考点。X 方向移动：面料厚分 0.5cm，搭门宽 2.5cm。Y 方向移动：由衣服驳口点的高低决定，单排三粒扣时通常自参考点向下移动 8cm（可根据具体款式调整）。

③ 作③驳口线，由驳口点作翻驳点，参考圆弧的切线，得到切点为④翻驳点，驳口线和圆弧线相交，且仅有一个交点，使领子不会卡脖子，也不会远离脖子。

④ 作⑤驳头宽线平行于驳口线，距离为驳头宽 7.5cm，也可根据具体款式而定线上任意一点与驳口线的距离均等于驳头宽。

⑤ 作⑥领深斜线，由侧领点做驳口线的平行线，线长 4cm。一般为原型前领深/2，可根据具体款式调整。

⑥ 按图作⑦领串口斜线，与驳口线夹角 65°，相交于驳口线的平行线，由交点在线上截取⑧驳角宽 3.5cm。

⑦ 按图 2-15 与领串口斜线夹角 60°、线长 3.3cm 作⑨领角线。

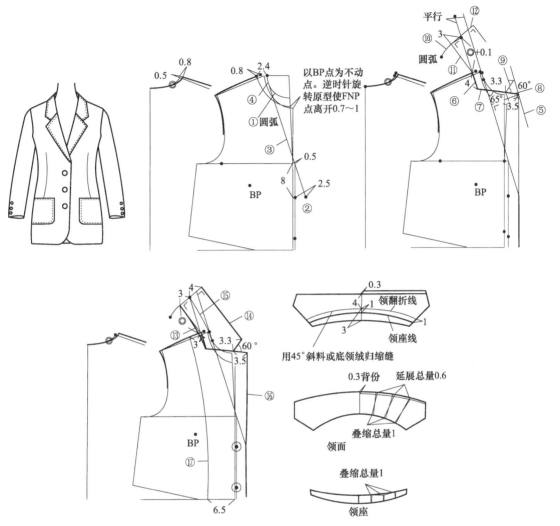

图 2-15 平驳头西服领（单位：cm）

⑧ 由侧领点向上作驳口线的平行线，在线上取后领弧线长定点，以侧领点为圆心，以后领弧线长为半径，作⑩领松度圆弧线，在线上取领松度 3cm，与侧领点连线，此线为⑪领下口基础线。

⑨ 垂直于领下口基础线作⑫领后中心线，线长为总领宽 7cm。

⑩ 按图作⑬领下口弧线、⑭领外口线。在领后中心线上取底领宽 3cm，用弧线和翻驳点连接作⑮领上口线。

⑪ 按图作⑯驳头止口弧线。

⑫ 由侧领点在肩线上取 3～4cm，按图 2-15 作⑰挂面线。

平驳头西服领结构图完成。

按图画领座线，将领子分为领面和领座。对领面和领座分别做叠缩和延展，领面外口线加 0.3cm 背份，领里外口线相应减少 0.3cm。代替或免去部分复杂的归拔工艺，使领子更加平服合体。叠缩和延展的量还有背份量是由立裁方法获得的，要根据不同面料和加工工艺进行调整。

以上尺寸和角度是普通型西服领的，变化型的领型可根据不同的设计和流行趋势进行调整，但制图方法和规律均是相同的。

（2）西服领结构线的变化　西服领结构线之间有下列关系变化，调整时作为参考。

① 领深斜线的长度控制驳头的高度、长度和角度是可变的，可根据领型的变化调整。

② 领串口斜线角度，一般为 65°（在 55°～75°之间变化的比较多），角度的大小可改变驳头的形状。

③ 领角线和驳角线之间夹角通常不大于 90°，长度的变化随夹角的大小、总领宽的宽度而变化。

④ 领松度量是由立裁结果整理得到的，是普通西服领松度量的平均数，它的大小和领外围线的长度成正比变化，领松度的取值和直角制领领弯度的取值规律是相同的。对于变化很夸张的时装化的领型，领松度量可根据具体情况调整。调整方法：试缝后，放在人体模型上检查对照与颈部各对应点是否吻合，领面是否平服合体，如领外口线松时应减小领松度量，领外口线紧时要加大领松度量，西服领的平服合体是检验西服质量的重要标准之一。要不断实践，还应与缝制工艺相配合才能达到完美。

⑤ 领下口弧线、领下口基础线和领深斜线之间，接近三角形三边的关系，尤其是领松度量较大时，要进行调整，使领下口弧线长与衣身领口缝合线长度要一致。

2.5.3　戗驳头西服领

[制图要点]

双排扣戗驳头西服领如图 2-16 所示。双排扣戗驳头西服领，搭门加宽 4cm。戗驳头西服领深斜线 5cm，通常比平驳头领略长。领串口斜线和领角的大小、驳头的宽窄，可根据款式和流行趋势而定。

戗驳头领与平驳头领的主要区别是：驳角线向上与领串口斜线形成一个 50°～55°的夹角，与领角线角度成为互补的关系，其余与图 2-15 平驳头西服领制图方法相同。

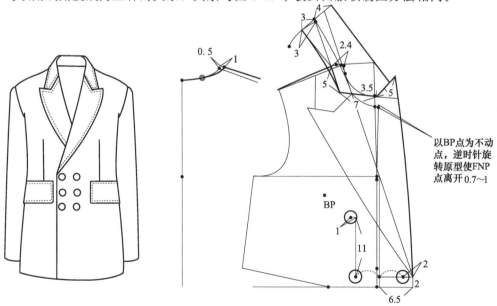

图 2-16　双排扣戗驳头西服领（单位：cm）

2.5.4 半戗领

[制图要点]

半戗领如图 2-17 所示。半戗领与戗驳头领的区别是：驳角线与领角线在领尖点张开 0.5~1cm 的开口，其他参照图 2-15，制图方法相同。

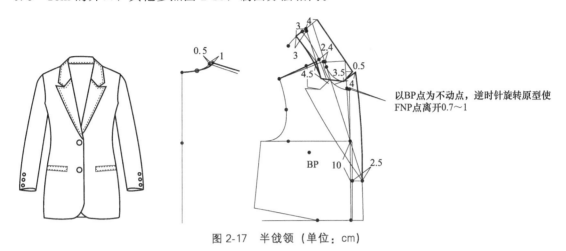

以BP点为不动点，逆时针旋转原型使FNP点离开0.7~1

图 2-17 半戗领（单位：cm）

2.5.5 青果领

[制图要点]

青果领如图 2-18 所示。青果领没有领角线，领子外围轮廓线与驳头止口弧线直接连接成一条圆顺的曲线，贴边与领面是相连的，裁剪时注意领面与贴边连裁，如图 2-18 中青果领纸样所示。

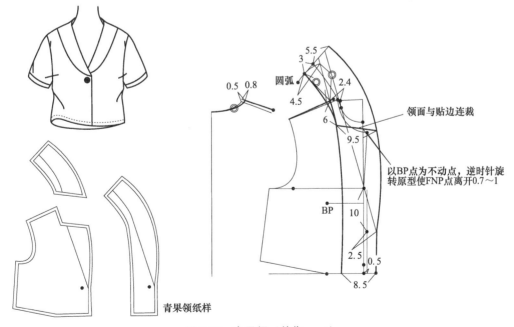

以BP点为不动点，逆时针旋转原型使FNP点离开0.7~1

领面与贴边连裁

青果领纸样

图 2-18 青果领（单位：cm）

2.5.6 意大利领

[制图要点]

意大利领如图 2-19 所示。意大利领的领角线与驳头止口弧线，直接连接成一条圆顺的曲线，挂面与领面是相连的。裁剪时注意领面与贴边连裁，如图 2-19 中意大利领纸样所示。

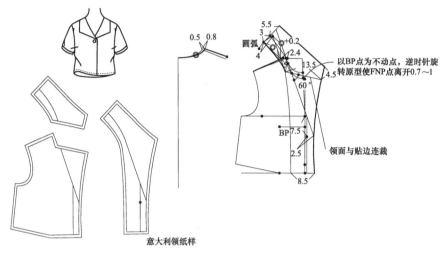

图 2-19 意大利领（单位：cm）

2.5.7 披肩领

[制图要点]

披肩领如图 2-20 所示。披肩领制图方法与青果领相同，由于领面尺寸夸张地扩大，领外围线的长度变化很大，领倒伏量调整时，可在后衣片作领子的形状，前衣片作领子的对称图形，作为调整参考，领外围线的长度要略大于领子对应弧线长。裁剪时注意领面与贴边连裁，如图 2-20 中披肩领纸样所示。

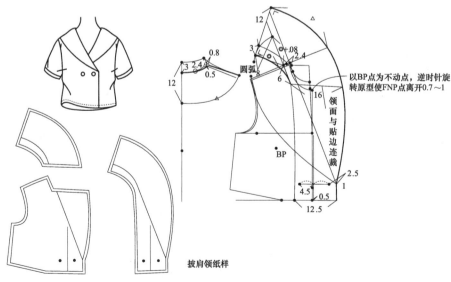

图 2-20 披肩领（单位：cm）

图 2-18～图 2-20 都是西服领的变形，都属于翻驳领制图方法，参照图 2-15，制图方法和规律是相同的。

2.6 其他领

其他领包括连帽领和无串口领。

2.6.1 连帽领

连帽领的制图规律与西服领是相似的，肩颈部根据内穿衬衣厚度加松份（加外套的松份）。把领围后中心线的尺寸改为帽高，再垂直帽高作帽宽，帽松度量改为距上平线 1cm，然后把帽口与驳头止口弧线连接成一条圆顺的曲线。裁剪时注意帽里与贴边连裁，如图 2-21 中连帽纸样所示。

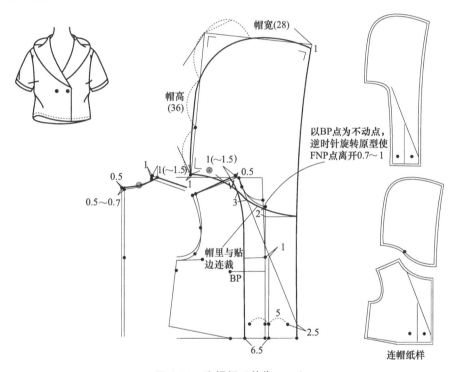

图 2-21　连帽领（单位：cm）

2.6.2 无串口领

无串口领，顾名思义，就是没有串口线的领，由于在拿破仑时代比较流行，也叫拿破仑领。宽大驳头领上口线较高，有立领的风格，是男、女都适用的领型，具有军装风格，充满时尚感。

[制图要点]

单排扣无串口领如图 2-22（a）所示，确定前领深点，以侧领点为参考点，向右（前中心一侧）偏移 2.5cm，向下偏移通常与 FNP 点等高。领深点与驳口点两点连线作驳口线。在线上距前领深点 1.5cm，作驳口线的垂线，线长 11cm（也可根据不同的设计和爱好决定线长），由线的端点与领深点两点连线，并延长 2～3cm 作领角线。向上延长驳口线，在线上取后领弧长定点。其他制图与翻驳领制图方法相同。

双排扣无串口领如图 2-22（b）所示，由领上口线分开翻领与底领，并做叠缩处理，使领子更有立体感。其他制图参照图 2-22（a）的制图方法。

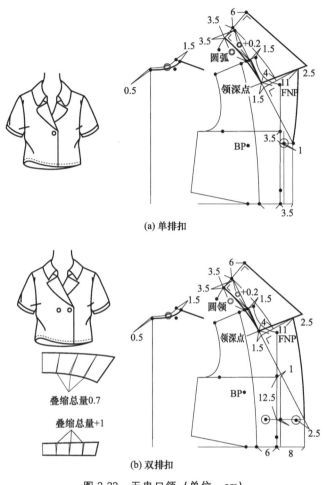

(a) 单排扣

叠缩总量0.7

叠缩总量+1

(b) 双排扣

图 2-22 无串口领（单位：cm）

3

衣袖的结构原理与变化

衣袖的结构要考虑与衣身和衣领的整体平衡。千变万化的衣袖，在这里按结构可归纳为：一片袖；两片袖（包括多片袖，也称圆装袖）；插肩袖、连肩袖；袖窿袖（无袖）四类。总结其制图原理及变化规律，这样可使袖子的制图和变化有明确的思路。

3.1 一片袖的结构与变化

3.1.1 袖原型制图

参考号型：160/84A。

[制图尺寸]

袖长53cm（全臂长加2.5cm）。前袖窿弧长20.1cm，后袖窿弧长21.2cm。

准确测量前、后袖窿弧长（将量衣的皮尺的边立起，用边缘沿衣身袖窿弧测量），获得前、后袖窿弧长。

原型的前、后AH是平衡的。袖子制图时，袖子的袖山弧线及衣身袖窿弧线是密切配合的，在衣身变化时应保持前、后AH的平衡，通常后AH大于前AH 1～2cm袖窿是平衡的。

[制图要点]

袖原型如图3-1所示。

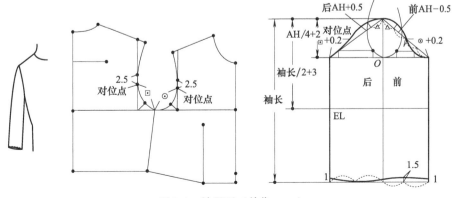

图3-1 袖原型（单位：cm）

（1）任意点 O 点作袖的起始点。

（2）从起始点向两边作前、后袖宽水平线。

（3）垂直向上作袖山高线＝AH/4＋2cm（1.5～2.5cm）。

（4）由袖山高顶点向前斜取前 AH－0.5cm 定前袖宽，向后斜取后 AH＋0.5cm 定后袖宽，作前、后袖山斜线。

（5）作袖山斜线的比例线段、定参考点。按图和对应的袖窿弧底部弧度一致，过各参考点、袖山高顶点，画圆顺袖山弧线。

（6）按图 3-1 由袖山高顶点向下取袖长定点，作前、后袖口水平线。

（7）按图 3-1 由袖山高顶点向下量取袖长/2＋3cm 定袖肘点，作袖肘线。

（8）由前、后袖宽点向下作垂线，与袖口水平线相交，按图作袖口弧线。

（9）以衣身袖窿弧线的对应弧线长作为参考距离，定袖对位点。

完成袖原型制图，袖原型是袖子制图的基础。

3.1.2 合体一片袖（基本型）

[制图要点]

合体一片袖（基本型）如图 3-2 所示。

（1）以袖原型为基础，由袖长点偏前 2cm 定点，分配袖口：

袖口尺寸＝手掌围＋4cm＝25cm，前袖口＝袖口/2－1.5cm＝11cm，后袖口＝袖口/2＋1.5cm＝14cm。

※一片袖制图通常将袖口围称为袖口。

（2）在后袖口点下落 0.7～1cm，画前、后袖缝线，画圆顺袖口弧线。后袖缝线比前袖缝线略长，差量是合体的袖子缝制时，前袖应熨烫拨开的量。

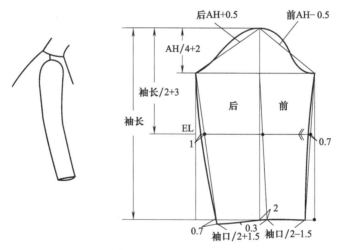

图 3-2 合体一片袖（基本型）（单位：cm）

3.1.3 袖山高、袖宽、袖山弧之间的关系

袖山高、袖宽及袖山坡线构成直角三角形，加袖山高，袖宽变小；减袖山高，袖宽变宽，如图 3-3 所示。

以 160/84A 码号为例：袖山高增加 1cm，袖宽平均减少 1.4cm。

袖山高相对较高时，袖子较为靠身，袖形美观，但手臂向上抬起时会受一定的限制；袖山高相对较低时，袖子的功能性比较好，但手臂放下时，腋下会产生一些余褶。

应根据具体的情况决定袖山的高度。合体袖，袖宽一般为上臂围＋（4～5cm）（这是袖原型袖宽的松量）。

由图 3-3 得出，袖山高增加，袖宽变窄。袖山弧线弧度增大，使袖山弧线变长。所以，袖山坡线取值，以袖窿弧长加、减一个变量。应根据袖山弧缝缩量来调整，袖山弧缝缩量为 1～4cm，其中衬衫 1～1.5cm，上衣 2～3cm，大衣 3～4cm。

袖原型的袖山高为 AH/4＋1.5cm 时，袖山弧和衣身袖窿弧对应的图元吻合后，与插肩袖（基本型）袖中线角度平均为 45°时对比，袖山高、袖宽各部位尺寸非常接近，说明袖原型兼顾功能性与装饰性的袖型。请与插肩袖、半插肩袖与一片袖结构对比，互为引证，充分理解。

3.1.4　合体一片袖肘省袖

[制图要点]

合体一片袖肘省袖如图 3-4 所示。以合体一片袖（基本型）为基础，后袖口向下偏移 2～3cm，这是袖肘省的省量。按图 3-4 在后袖袖肘处做袖肘省，最后要将省道校正。袖肘省袖适合于旗袍、礼服类服饰合体的袖子。

3.1.5　合体一片袖袖口省袖

[制图要点]

合体一片袖袖口省袖如图 3-5 所示。

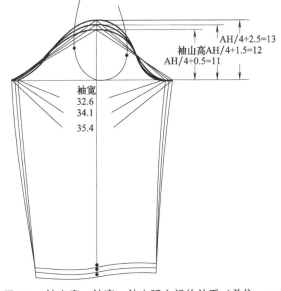

图 3-3　袖山高、袖宽、袖山弧之间的关系（单位：cm）

袖口省袖，以肘省袖为基础变化，将肘省省尖与后袖口中点两点连线，作袖口省省线，切开省线，按图在袖肘线合并袖肘省，转为袖

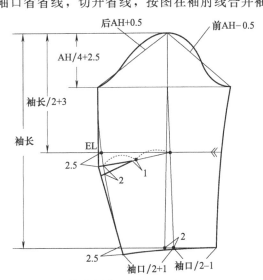

图 3-4　合体一片袖肘省袖（单位：cm）

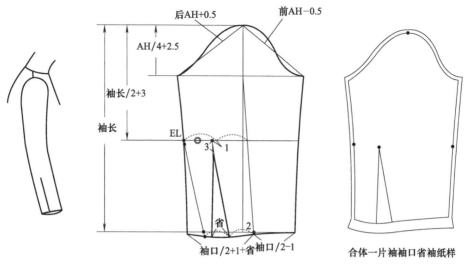

图 3-5　合体一片袖袖口省袖（单位：cm）

口省。按图 3-5 省尖向下 3cm，重新画好省线，袖口省的省量一般在 5cm 左右，改变袖肘省量的大小，可调整袖口省的省量，重新修正好后袖缝线、袖口弧线。也可按图 3-2 以合体一片袖（基本型）为基础制图。

3.1.6　衬衫袖

[制图要点]

衬衫袖如图 3-6 所示。用袖原型袖长＋2cm，按图袖长－袖头宽，定长度，上袖头的袖子，往往比不上袖头的袖子长 2cm 左右，或根据款式而定。袖缝线两边收进量要相等，以确保前、后袖缝线等长。两边收进量要相等，以确保前、后袖缝等长，剩下的量是袖口＋褶量，增、减两边的收进量，可调整褶量的大小。

袖开口位置距袖缝，约占袖口围的 1/4，按图 3-6 作袖头，袖头长等于手掌围＋2cm（搭门宽）。

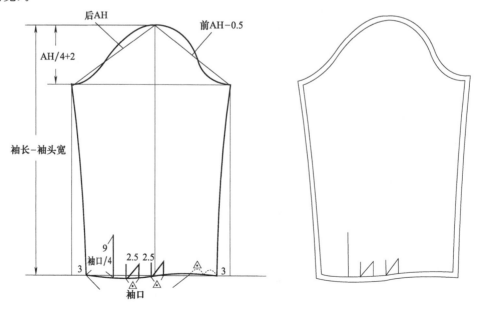

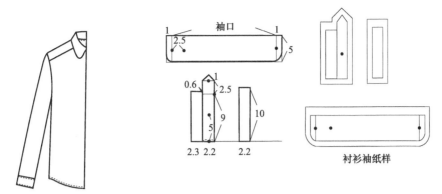

图 3-6　衬衫袖（单位：cm）

3.1.7　泡泡袖

[制图要点]

泡泡袖如图 3-7 所示。先与泡泡袖配合，修整衣身袖窿。按图 3-7 减小肩宽，由肩端点收进 3～4cm，重新画圆顺袖窿弧线。

在袖原型基础上，做袖山切展，将袖山从袖山顶点开始向下剪开到袖起始点止，转折向左、右两边剪到袖宽点，不能剪断，按图向两边展开褶量，再重新画圆顺袖窿弧线。按图 3-7 作褶线。其他作图参照衬衫袖。

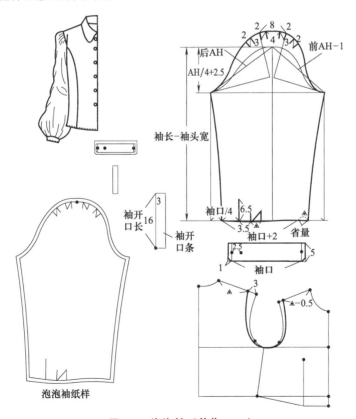

图 3-7　泡泡袖（单位：cm）

3.1.8 郁金香袖

[制图要点]

郁金香袖如图 3-8 所示。

(1) 用袖原型，袖长改为在袖肘线以上 6～7cm。

(2) 袖窿条件，袖山切展、褶线的画法和泡泡袖相同，根据面料做活褶或抽碎褶。

(3) 按图 3-8 在袖山弧线上距袖山顶点 10cm 与袖口连接，作两条圆顺的分割线。

(4) 前后均保留重叠部分并在袖缝线对合，旋转衣片以对接线为竖立，如图 3-8 中郁金香袖纸样所示。

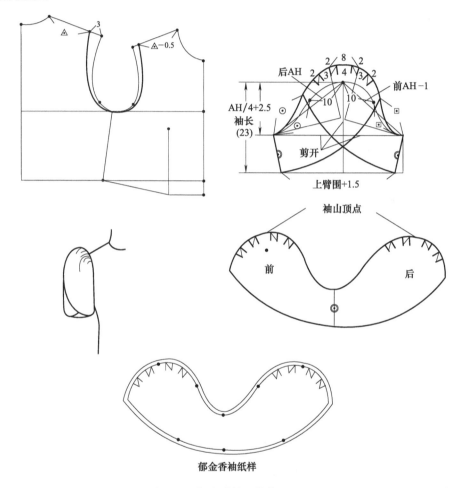

图 3-8 郁金香袖（单位：cm）

3.1.9 荷叶袖

[制图要点]

荷叶袖如图 3-9 所示。用袖原型保留七分袖长（也可按照需要确定袖长），分别三等分前、后袖口，向袖山弧线作垂线，由下向上剪开垂线到袖山弧线不剪断，按图 3-9 展开，袖长和展开量的大小，根据款式与面料的不同而变化。

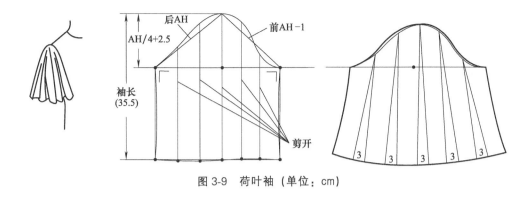

图 3-9 荷叶袖（单位：cm）

3.1.10 喇叭袖

[制图要点]

喇叭袖如图 3-10 所示。用袖原型保留七分袖长（也可根据不同的设计与衣身配合确定袖长），按图 3-10 以 O 点为起始点向左、右剪开（不可剪断）。切开袖宽线和袖中线，向下拉开袖宽线离开起始点大约 3cm，袖口自然展开，重新将袖口画圆顺。

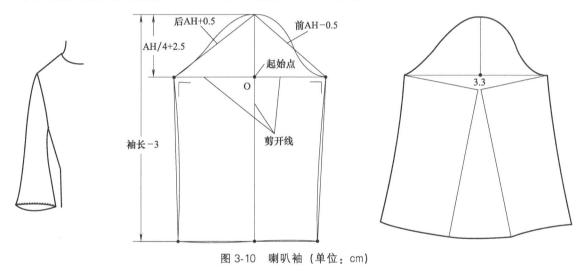

图 3-10 喇叭袖（单位：cm）

3.1.11 灯笼袖

[制图要点]

灯笼袖如图 3-11 所示。用袖原型按图确定袖长，以袖起始点为基准点，上半部分以泡泡袖的方法切展，下半部分以喇叭袖的方法切展。然后分别向两边平移，重新画好袖山弧线、袖口弧线，按图 3-11 分配褶量，作褶线。

3.1.12 羊腿袖

[制图要点]

羊腿袖如图 3-12 所示。羊腿袖是灯笼袖与合体一片袖的组合。上半部分和灯笼袖制图方法相同，下半部分取合体一片袖肘围线以上 5cm 至袖口，在袖中线延长 6cm 到手背，按

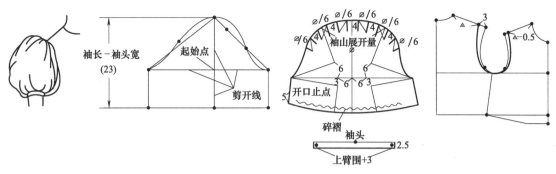

图 3-11 灯笼袖（单位：cm）

图 3-12 连袖口作袖口弧线，上面也用弧线作轮廓线，因袖口小于手掌围，在袖口要留有开口，制作时安装拉链。

图 3-7～图 3-12 都是在袖原型基础上通过切展的方法完成的，掌握这一规律，可变化出很多不同造型的袖子。

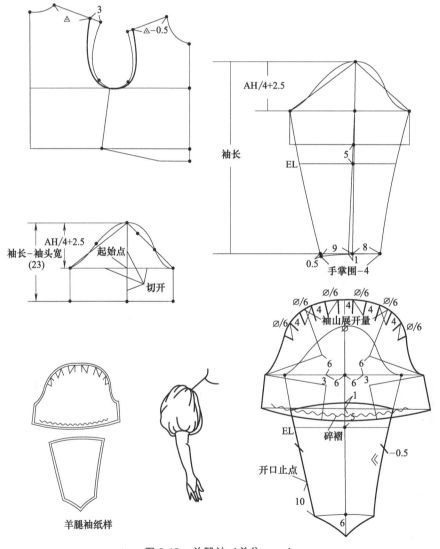

图 3-12 羊腿袖（单位：cm）

3.2 两片袖的结构与变化

两片袖是在一片袖的基础上变化而来的,都是在人体手臂根部周围线上有缝合的袖子。与一片袖相比较,两片袖的装饰性和功能性更好。

3.2.1 两片袖的平铺画法

[制图要点]

两片袖的平铺画法如图 3-13 所示。两片袖制图基础线和一片袖制图方法相同,基础线完成后,在前袖宽中点作垂线与袖长线相交,然后由交点向前 3cm 定点(3cm 不是固定数,可根据设计不同而增减)。向上延长垂线与袖山弧线相交。按图 3-13 将这一部分的袖子平移到后袖。在后袖宽中点作垂线,分开后袖,与平移过来的前袖部分组成小袖片,余下的为大袖片。按图 3-13 分配前、后袖口,画圆顺大小袖轮廓线。

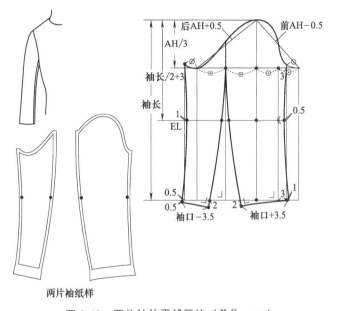

两片袖纸样

图 3-13 两片袖的平铺画法(单位:cm)

3.2.2 两片袖的重叠画法

[制图要点]

两片袖的重叠画法如图 3-14 所示。

(1)用一片袖制图的方法完成基本线后,分别作前、后袖宽中点,过中点作垂线,按图 3-14 确定袖口,作两片袖基本线。

(2)确定大袖片和小袖片的借片量,并在袖山弧线上定点。

分别以前、后袖宽中线为对称直线,对称袖山弧线,按图 3-14 作大小袖的轮廓线。

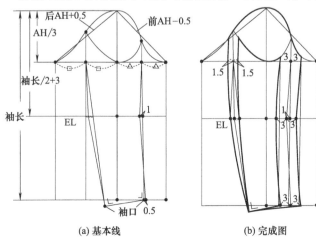

图 3-14 两片袖的重叠画法(单位:cm)

3.2.3 变形泡泡袖

[制图要点]

变形泡泡袖如图 3-15 所示。

(1)用平铺两片袖、切展袖山做泡泡袖,按图 3-15 将泡泡袖的袖山弧线和原来的袖山弧线之间的面积分割出 abcd 和 aefb 两个图形。

(2)把上述两个图形移出,把图形中泡泡袖的褶量叠缩,重新画好,成为图形 a'b'c'd' 和 a'e'f'b',

修正好相对应弧线，相符后，再移回来。将图形 a′b′c′d′ 的 c′d′ 边与 cd 边对合，将图形 a′e′f′b′ 的 e′f′ 边与 ef 边对合，画圆顺袖山弧线和新的大、小袖的轮廓线。

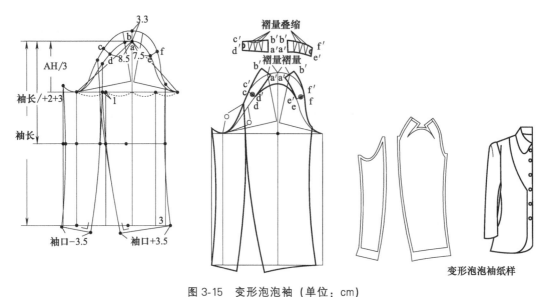

图 3-15　变形泡泡袖（单位：cm）

3.3　插肩袖、连肩袖的结构与变化

插肩袖是普通的袖子与衣身相连、面积互借的袖型。通过不同的分割形式，衣片分割线的位置由两点决定：一是目标点，在衣片外轮廓线上，是插肩袖应到达的位置点；二是转折点，在衣片内部，是袖身交叉重叠的起点。通过对目标点位置的移动及变化，以不同的造型线与转折点连接，形成各种不同分割形式是插肩袖的基本变化规律。

连肩袖是插肩袖的一种特殊形式，它的特点是袖、身之间没有分割线。宽松造型时，直接将袖口与衣身下摆用不同造型线连接，以宽松的造型代替交叉的活动量。合身造型时，腋下交叉重叠量以拼角的形式插入。

3.3.1　插肩袖（基本型）

[制图要点]

插肩袖（基本型）如图 3-16 所示。

（1）插肩袖衣身胸围线在原型基础上向下落 1cm，后片胸围加 0.5cm。

（2）在衣身领弧线上定插肩袖的目标点。

（3）以原型上袖对位点为参考点作偏移点，定转折点，曲线连接两点作分割线。

（4）在肩线的延长线上，距肩端点 1～2cm 定点，作袖中线，角度平均为 45° 是比较常用的，后袖角度略大于前袖角度。

（5）在袖中线上定袖山高＝前袖窿高×0.8－0.5cm。

（6）由袖山高点，垂直袖中线作袖宽线。由转折点作衣片与袖片的交叉重叠。

（7）垂直袖中线作袖口线，袖口大＝袖口/2（手掌围/2＋2cm）。

（8）为使袖子符合手臂运动方向，袖中线不向后偏移，修正袖中线，在袖口处后袖中线提高 1.5～2cm，前袖中线降低 1.5～2cm，作袖轮廓线。

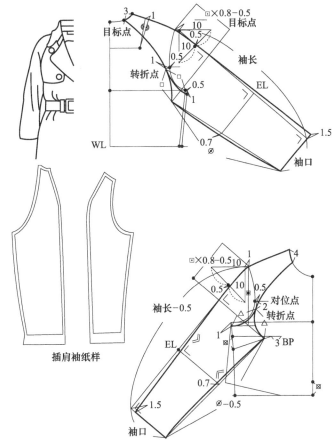

图 3-16 插肩袖（基本型）（单位：cm）

3.3.2 插肩袖袖角度、袖山高、袖宽的调整方法

［制图要点］

插肩袖袖角度、袖山高、袖宽的调整方法如图 3-17 所示。

（1）在袖角度不变的情况下，袖山高每增加 1cm，袖宽约平均减少 1cm。袖山高越高，袖子越瘦。袖子和衣身的交叉量越小，袖子功能性相对越差。袖山高越低，袖子越肥。袖子和衣身交叉量越大，功能性相对越好。

（2）在袖山高不变的情况下，调袖角度时，袖角度每增加 5°，袖宽平均增加 0.4cm，反之则减小。

（3）为兼顾袖子功能性与装饰性于一体，需要保证袖宽、袖子和衣身的腋下交叉面积的大小，与整体的平衡，袖中线角度与袖山高同时调整。调整袖山后，为使袖宽尺寸不变，调整袖角度达到平衡。以插肩袖（基本型）为例，当袖中线角度在 40°～50°调整时，后袖宽 17.6～18.3cm，前袖宽 16.3～17.7cm，袖子整体是平衡的。

3.3.3 插肩袖与普通一片袖结构的对比

［制图要点］

插肩袖与普通一片袖结构的对比如图 3-18 所示。把插肩袖前、后袖片对合，如图 3-18

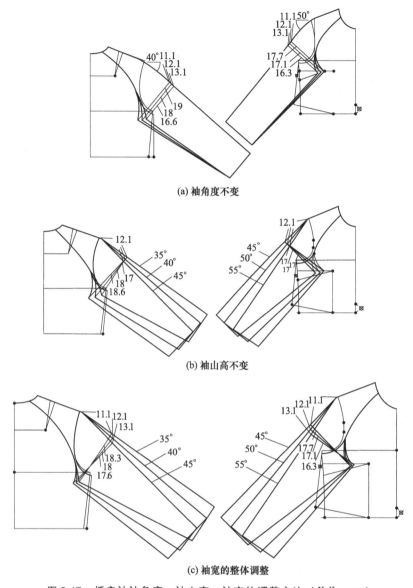

(a) 袖角度不变

(b) 袖山高不变

(c) 袖宽的整体调整

图 3-17　插肩袖袖角度、袖山高、袖宽的调整方法（单位：cm）

（a）与图 3-18（b）合体一片袖（基本型）作对比。当插肩袖袖中线角度为 45°时，插肩袖的袖山高和一片袖（基本型）的袖山高基本相等。

　　但是插肩袖没有袖山弧线的缝缩量，插肩袖对应位置的弧线比圆装袖的袖山弧线短，所以，插肩袖衣身、袖窿深，比普通袖子的衣身向下开深 1cm，后片胸围加 0.5cm 作为补充。打版时将插肩袖各部位尺寸与一片袖相对照，就不容易出错，如图 3-18（a）和（b）所示。

　　从图 3-18 可直观地看出插肩袖片和衣身的借片关系，在系列变化中，在保证袖子与衣身的腋下交叉量的条件下，其他的面积均可互借，可自主随意地进行设计与变化。

3.3.4　半插肩袖

[制图要点]

　　半插肩袖如图 3-19 所示。半插肩袖与插肩袖的区别是，半插肩袖把插肩袖的目标点改

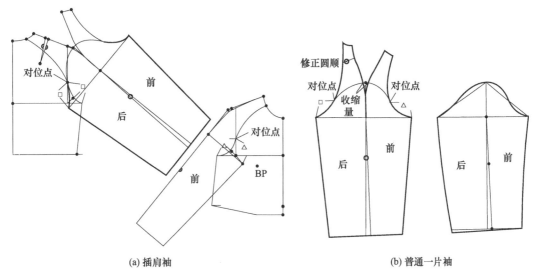

(a) 插肩袖　　　　　　　　　　(b) 普通一片袖

图 3-18　插肩袖与普通一片袖结构的对比

在肩线上，由肩端点取后片小肩的 1/3 处，也可根据设计增加或减少，定为半插肩袖的目标点，将袖窿弧线画圆顺，其他与插肩袖相同。

3.3.5　落肩袖

[制图要点]

落肩袖如图 3-20 所示。以插肩袖（基本型）原型基础上把插肩的目标点改定在袖山上，将袖山的一部分借到衣身，袖中线角度减小，后片为 40°，前片为 45°，其他用插肩袖（基本型）的制图方法作图后，将前后袖片对合，按图 3-20 画袖轮廓线。

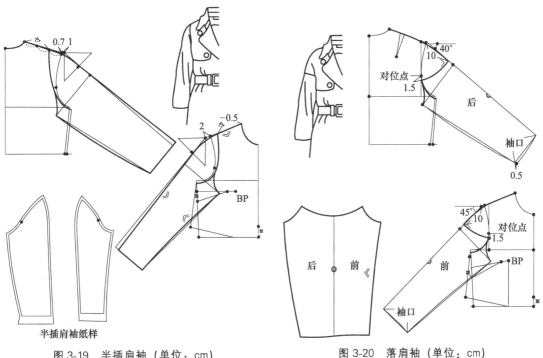

图 3-19　半插肩袖（单位：cm）　　　　　　图 3-20　落肩袖（单位：cm）

3.3.6 窄肩无袖

[制图要点]

窄肩无袖如图 3-21 所示。肩的画法与半插肩相同，因为无袖，合体上衣时，要把袖窿深提高 1.5～2cm，前片胸围－0.5cm，后片胸围－1cm，将袖窿弧线画圆顺，其他制图根据具体的款式而定。

3.3.7 超短连袖

[制图要点]

超短连袖如图 3-22 所示。将落肩袖（图 3-20）的胸围线提高 1cm，将袖窿弧线和袖口弧线画圆顺，袖中线的角度是后片 30°，前片 40°，也可根据具体设计调整。

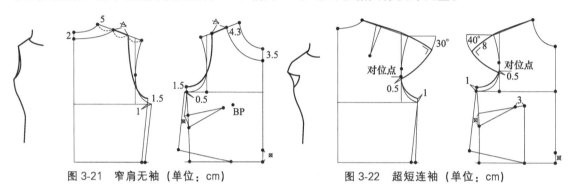

图 3-21 窄肩无袖（单位：cm）   图 3-22 超短连袖（单位：cm）

3.3.8 一片插肩袖

[制图要点]

一片插肩袖如图 3-23 所示。一片插肩袖适用于宽松造型的服装。把袖中线角度改为与肩斜线角度相同，成为一条直线，袖隆深加深，胸围加大，为保持腋下交叉重叠量而降低袖山，一片插肩袖应消除后片小肩预留的肩省量，将前后片袖中线对合后画圆顺袖口弧线，其他制图根据具体的款式而定。

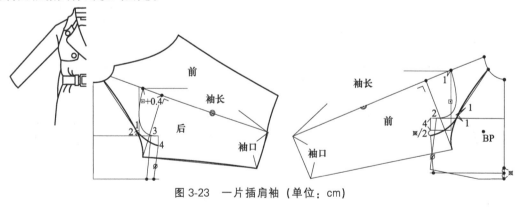

图 3-23 一片插肩袖（单位：cm）

3.3.9 蝙蝠袖

[制图要点]

蝙蝠袖如图 3-24 所示。蝙蝠袖是连袖的一种，属于无拼角连袖，适用于宽松造型的衣服。因为没有腋下交叉重叠量，袖中线角度减小，凡属连袖的袖中线角度均相对较小，为使袖子、衣身连接弧线两弧度接近，前、后袖中线角度相同。也应按图3-24调整袖中线，使袖缝不向后偏移。

3.3.10 一片式连袖

[制图要点]

一片式连袖如图3-25所示。将图3-24袖中线角度改为与肩斜线角度相同，成为一条直线，再按图3-25把后片在袖中线与前片对合，形成一整片。裁剪时，前中心线对纵向（经纱）布纹。

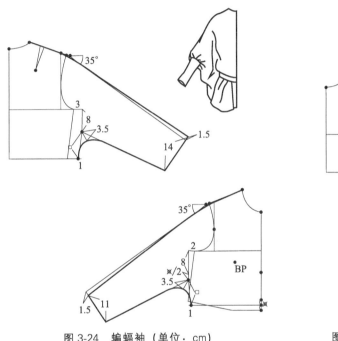

图3-24 蝙蝠袖（单位：cm）

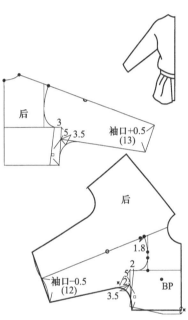

图3-25 一片式连袖（单位：cm）

3.3.11 有腋下拼角的连袖

[制图要点]

有腋下拼角的连袖如图3-26所示。腋下拼角的画法如下。在前衣身由转折点作垂线与袖窿深线相交形成直角三角形，将直角的底边（用圆形表示）作拼角的前宽。作相互垂直的两条直线，在线上分别取和衣身相对应的线段长，作菱形的边长，修正菱形，使其形状与对应弧线相同。

按照衣服的设计，在肩、颈等控制部位加放宽松量。其余参照插肩袖（基本型）的制图方法。

3.3.12 衣身加入分割线的连肩袖

[制图要点]

（1）育克连肩袖（图3-27） 用插肩袖（基本型）将目标点移动到中心线上形成前、后育克（育克的造型线可画各种不同的形状），与袖子连为一体。

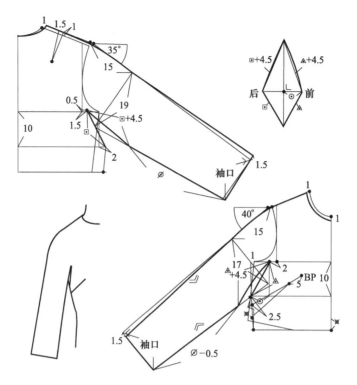

图 3-26 有腋下拼角的连袖（单位：cm）

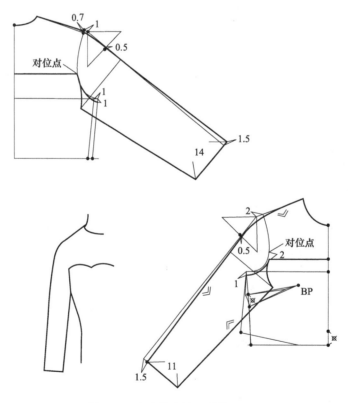

图 3-27 余克连肩袖（单位：cm）

（2）袖窿开剪连肩袖（图 3-28） 用插肩袖（基本型）制图，将目标点移到腰围线上，形成袖窿分割线，把衣身分开为中片和侧片，确保衣身和袖子的交叉重叠面积的完整，把前片的基础省转移到袖窿。其余制图与插肩袖（基本型）制图方法相同。

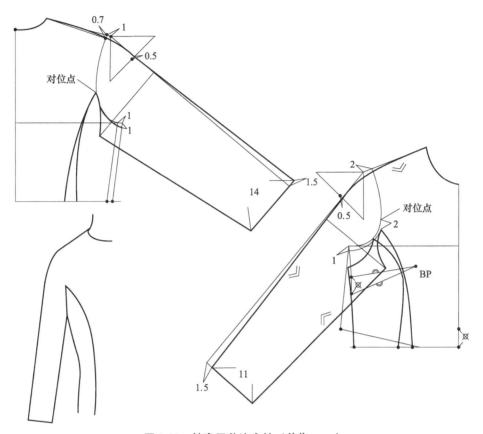

图 3-28 袖窿开剪连肩袖（单位：cm）

4. 上装制版与工艺

4.1 衣身结构分析

  服装样板设计制作中心承接服装公司根据流行趋势和市场预测设计开发的一批服装产品制版任务，要求根据款式变化制作结构样板和实物样衣。其服装产品设计开发意向与计划款式效果，见图4-1。

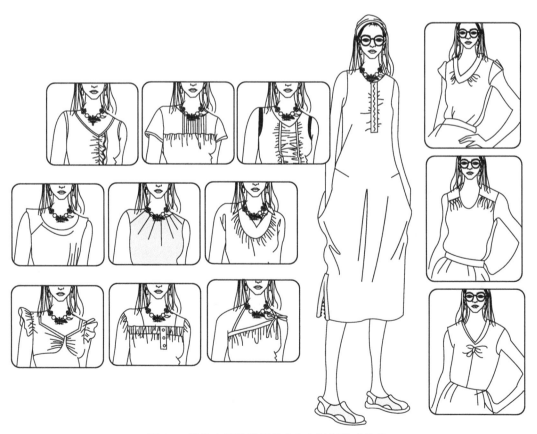

图 4-1　服装产品设计开发意向与计划款式效果

上装衣身包裹人体肩、胸、背、腰、腹、臀等部位，衣长可延至腿部，结构除了要符合人体上身立体形态与运动要求，还要与服装款式造型相一致，服装款式看上去很复杂，但有一定相似度，只要绘制好一个模板，通过对相关部位进行调整、修改、分割、折叠、省道转移等技术手法，就能复制出其他款式。

4.1.1　衣身省道结构设计原理

4.1.1.1　衣身胸省的位置

以胸点为圆心，可分别向衣片边缘引射线，射线交到哪个部位，就是该部位的省。常用的有：腰省、领省、肩省、袖窿省、腋下省、侧缝省、斜腰省、前中心省。根据衣身结构设计原理，前衣片结构设计的胸省位置，见图 4-2。

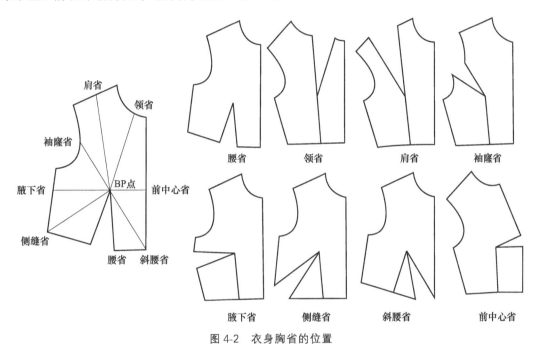

图 4-2　衣身胸省的位置

4.1.1.2　省的转移变化

女上衣省的位置并非固定不变，根据款式的需要，省的位置可以通过转移设置在不同的位置，分散在两个或两个以上的部位，见图 4-3。

4.1.1.3　省构成原则

（1）省道可以是直线形，也可以是弧线形或曲线形等。

（2）省道无论在哪个位置，都须使省尖指向 BP，或偏后 1～1.5cm。

（3）在服装结构上，观察人体凸出的位置，如胸凸、肩胛凸、肘凸、臂凸、腹凸等。

（4）为了使成形后的胸凸自然，省尖不要到 BP，应距 BP 3～5cm。

4.1.1.4　胸省转移原理

（1）胸省转移原理是指导服装中各种省缝变化及其应用的基础理论。

（2）当原省与新省的边长相等时，原省与新省的开口（省大）量相等，省缝夹角大小不变。

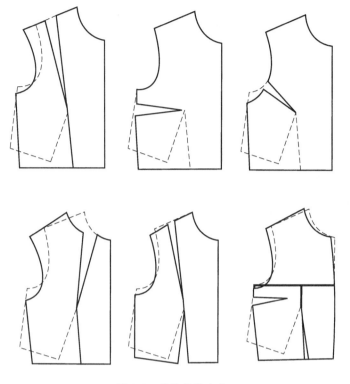

图 4-3　省的转移变化

（3）省缝转移时，省端距 BP 越远，省开口量越大，反之越小。

4.1.1.5　省道转移方法

省道转移是将一个省道转移到同一衣片上的任何其他部位，转移方法有以下三种。

（1）剪切法　在衣片上确定新的省道位置并剪开，将原省道合拼，使剪开的部位张开，张开量为新的省道量，见图 4-4。

（2）量取法　量取前后衣片侧缝线的余量作为省量，用该量在腋下任意部位做省，省尖指向 BP，见图 4-5。

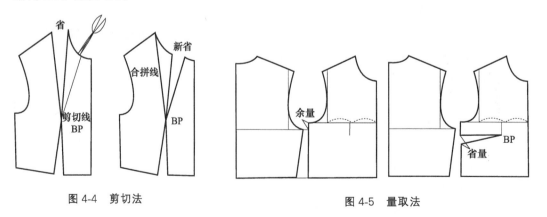

图 4-4　剪切法　　　　　　　　　　图 4-5　量取法

（3）旋转法　以 BP 为旋转中心，衣片旋转出一个省量就是该部位的省，见图 4-6。

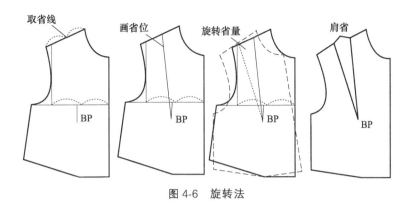

图 4-6　旋转法

4.1.2　服装产品结构分析

根据客户提供的服装产品设计开发意向与计划款式效果图，分析其制版需要采用收省、抽褶、折裥、分割等结构处理方法。

（1）款式效果（一），见图 4-7。

衣片结构分析：绘衣片→取领和省褶位→旋转取省量→连接画顺并拓印完成，见图 4-8。

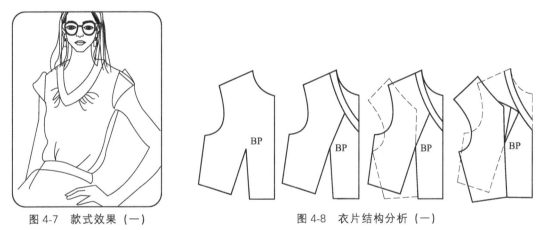

图 4-7　款式效果（一）　　　　　　图 4-8　衣片结构分析（一）

（2）款式效果（二），见图 4-9。

衣片结构分析：绘衣片→衣片分割→旋转衣片合拼腰省→连接画顺并拓印完成，见图 4-10。

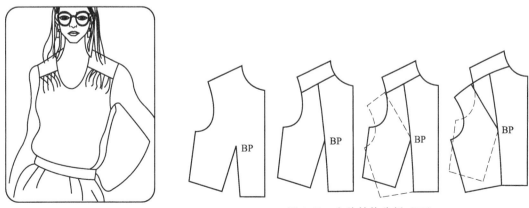

图 4-9　款式效果（二）　　　　　　图 4-10　衣片结构分析（二）

（3）款式效果（三），见图4-11。

衣片结构分析：绘衣片→取造型线→旋转衣片合拼腰省→连接画顺并拓印完成，见图4-12。

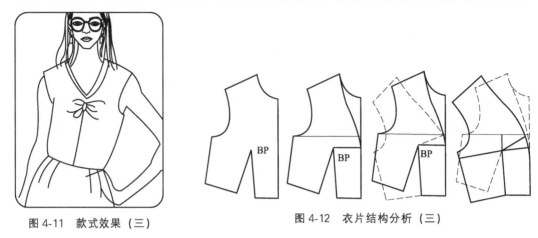

图4-11 款式效果（三）   图4-12 衣片结构分析（三）

4.2 夹克制版与工艺

　　某服装设计公司根据市场预测设计、开发一款牛仔夹克，委托服装厂合作试制样品，其设计的牛仔夹克款式效果见图4-13，要求服装厂根据款式特点制定成品规格和配选牛仔布，最后业务部下达任务到板房开展工作。

图4-13 牛仔夹克款式效果

样品试制一般过程如图 4-14 所示。

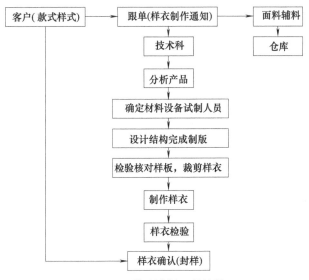

图 4-14　样品试制一般过程

牛仔面料的材质关系到款式的设计和成衣尺寸的设定。牛仔布的厚度，分为 4.5 安 [1 安（盎司）＝28.375 克，下同]、6 安、8 安、10 安、11 安、12 安、13.5 安、14.5 安等，4.5 安非常薄，常用来做夏季女士的背心、无袖衫等，而 14.5 安很厚，常用来做冬季的男士棉衣。我们经常穿的牛仔裤大多为 8～12 安不等。

从牛仔面料种类来讲，可分为平纹、斜纹、人字纹、交织纹、竹节纹、暗纹，以及植绒牛仔等。从成分来讲分为精梳和普梳，有 100％全棉、含弹力（莱卡）的、棉麻混纺的以及天然丝混纺等。

4.2.1　样衣工艺通知单

样衣工艺通知单见表 4-1。

表 4-1　工艺通知单

款号:HDN/2/18		材料:12 安牛仔布		客户:服装工作室		
款式:牛仔夹克		颜色:		数量:样衣 1 件		日期:2020/5/18
规格/cm						
部位	衣长	胸围	领围	肩宽	袖长	袖口
160/84A	52	94	37	40	56	24
公差	0.8	1.5	0.5	0.8	0.8	0.5
面辅料资料						
料名	成分	配色	说明			
面布			144cm 幅宽,150cm 长			
衬						
纽扣						
线		土黄色				
工艺说明:						
跟单人:　　　　　审核人:　　　　　制单日期:						

4.2.2 牛仔夹克结构制图

(1) 牛仔夹克衣身结构制图，见图 4-15。

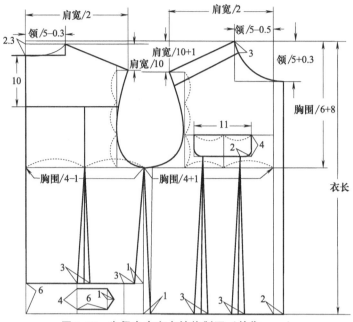

图 4-15 牛仔夹克衣身结构制图（单位：cm）

(2) 牛仔夹克衣领、袖子结构制图，见图 4-16。

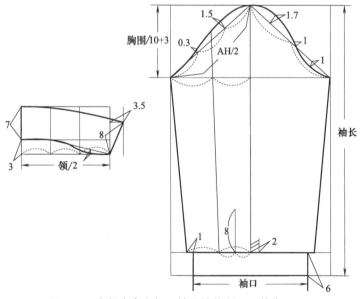

图 4-16 牛仔夹克衣领、袖子结构制图（单位：cm）

4.2.3 拓印裁片

在原结构制图上用纸拓印出裁片：前片上、前片下、后片下、覆肩、衣领、袖子、袖英、约克、挂面、袋盖、约克祥等，见图 4-17。

图 4-17 拓印出裁片

4.2.4 制作裁片样板

裁片样板在净样板的基础上加缝份和贴边，见图 4-18。

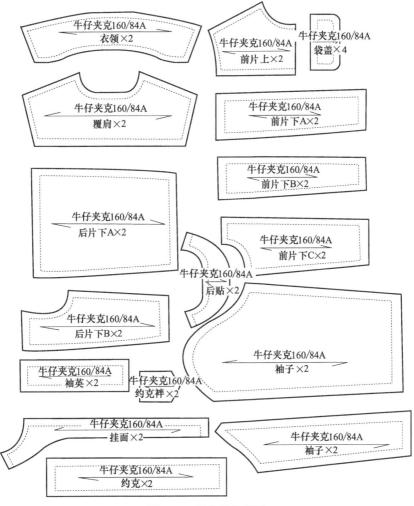

图 4-18 制作裁片样板

4.2.5 牛仔夹克样品裁制

（1）裁剪衣片。

（2）做缝制标记，按缝制标记要求对裁片打刀眼、钻孔。

（3）做零部件，如图 4-19 所示。

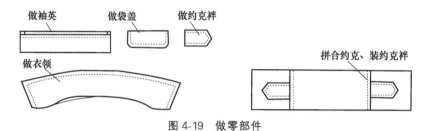

图 4-19 做零部件

（4）拼合衣片，如图 4-20 所示。

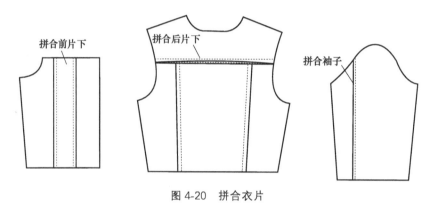

图 4-20 拼合衣片

（5）做袋、装袋盖见图 4-21。

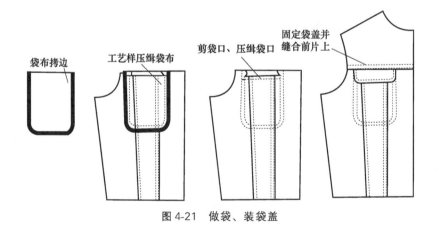

图 4-21 做袋、装袋盖

（6）后衣片拼合约克，前衣片拼接衣摆贴边见图 4-22。做好的约克与后衣片拼合。

（7）拼合肩缝见图 4-23。前、后衣片合肩缝。

（8）装领。挂面与后贴拼合，覆挂面，然后挂面、衣领与衣片一起缉缝，见图 4-24。

（9）做袖衩，如图 4-25 所示。袖衩与袖片正面相对车缝，一起剪开翻转袖衩到袖片并压线。

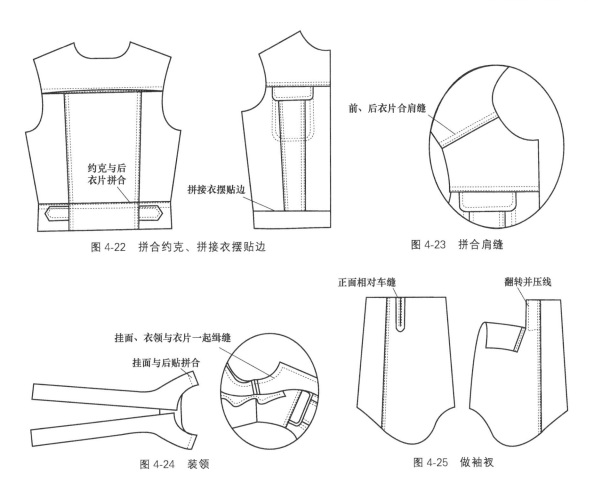

图 4-22 拼合约克、拼接衣摆贴边

约克与后
衣片拼合

拼接衣摆贴边

图 4-23 拼合肩缝

前、后衣片合肩缝

挂面、衣领与衣片一起缉缝

挂面与后贴拼合

图 4-24 装领

正面相对车缝

翻转并压线

图 4-25 做袖衩

（10）装袖子。做好袖衩的袖子与拼好的前、后衣片正面相对缝合，压缉明线，见图 4-26。

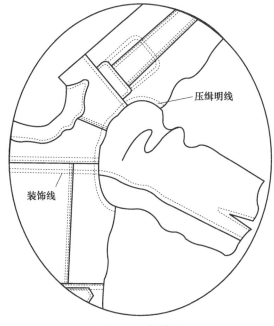

压缉明线

装饰线

图 4-26 装袖子

（11）合侧缝见图 4-27。前、后衣片正面相对，车缝衣与袖子侧缝，然后拷边。

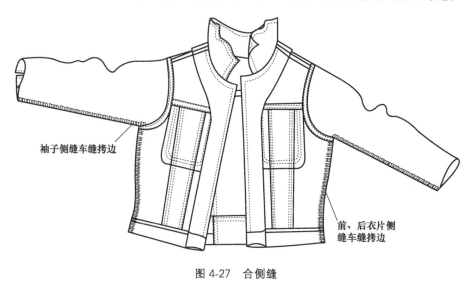

袖子侧缝车缝拷边

前、后衣片侧
缝车缝拷边

图 4-27 合侧缝

（12）装袖英，压缉约克、挂面明线，见图 4-28。

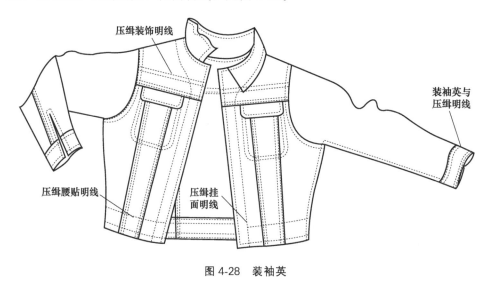

压缉装饰明线

装袖英与
压缉明线

压缉腰贴明线

压缉挂
面明线

图 4-28 装袖英

（13）洗水、整烫、开扣眼、打纽、冲铆钉。

4.2.6 编写工艺技术文件

根据牛仔夹克样品裁制过程编绘工艺流程图。

4.3 西装制版

服装公司承接了百货商场一款刀背缝女西装产品的订单，由于货期较短，服装公司要求生产技术部尽快提供女西装确认样板，以便安排该批产品的生产。根据客户订货合同提供的规格下达样板制作通知单，见表 4-2。

表 4-2 服装公司样板制作通知单

制单编号：110721 合同编号：SD20110718

产品名称	款号		发单日期	交货日期
女西装				
生产数量				

款式图：

<table>
<tr><td rowspan="7">

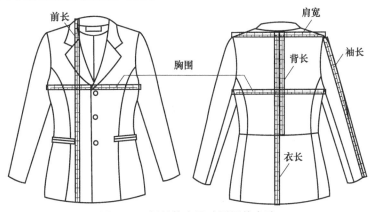

</td><td colspan="4">备注：
面料：斜纹纯棉面料</td></tr>
<tr><td colspan="4">里料：美丽绸
裁剪时注意电剪刀的温度，缝制时最好一次缝纫好，不拆缝</td></tr>
<tr><td colspan="4">衬：</td></tr>
<tr><td colspan="4">垫肩：</td></tr>
<tr><td colspan="4">线：686♯</td></tr>
</table>

部位	S	M	L	XL	工艺要求
衣长		63cm			缝份：
胸围		100cm			商标：
肩宽		40cm			水洗唛：
背长		38cm			针距：在领外口、门襟、下摆及分割线处都缉明线。大袋袋
袖口		12.5cm			牙要平整，袋口平服无褶皱
袖长		52cm			袖山要圆顺，不得有扭曲褶皱等出现
填单人：					填单日期：

这款女西装为平驳领，下身设有两个双嵌线不带兜盖口袋，直下摆，单排 3 粒扣，前刀背缝，后中有后背缝、刀背缝，合体两片袖，袖口两粒扣。西装是由衣领、袖、衣身几个部分对身体进行包裹，其结构由衣长、袖长、肩宽、胸围等合体部位进行控制。公主线女西装的样板包括裁剪样板与工艺样板，其中裁剪样板包括：面料样板、黏衬样板、里布样板、填充物样板等。款式特点：平驳领，下身设有两个双嵌线不带兜盖口袋，直下摆，单排 3 粒扣，前刀背缝，后中有后背缝、刀背缝，合体两片袖，袖口两粒扣。

为了按客户要求按时完成女西装制版任务，开展制版工作如下。

4.3.1 制版基本尺寸测量的方法

制版基本尺寸测量的方法见图 4-29。

图 4-29 制版基本尺寸测量的方法

4.3.2 结构制图

结构制图见图 4-30。

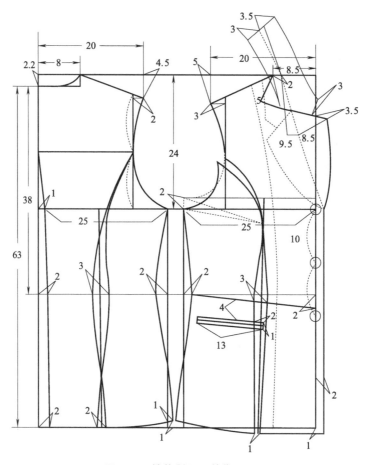

图 4-30 结构制图 (单位：cm)

4.3.2.1 后片制图步骤

（1）绘上平线、下平线，定后衣长 63cm。连接上平线、下平线端点为后中心线。

（2）绘背长线，由上平线量下 38cm，即腰线。

（3）绘袖窿深线，由上平线量下 24cm，即胸围/6+8.5cm。

（4）在袖窿深线上从与后中心线交点向右量取 25cm，即胸围/4。

（5）绘后横开领 8cm，即胸围/12，绘后领深 2.2cm。

（6）绘后肩宽 20cm，即肩宽/2。绘后肩斜 4.5cm，即胸围/20。

（7）以后肩宽与后肩斜交点回量 2cm 作竖直线为背宽。

（8）在腰线上分配后中缝收 2cm，腰省量 3cm，侧缝收 2cm 可根据胸围与腰围差分配。

（9）底摆上提 1cm，外偏 1cm，将腰省转化为刀背缝分割线。

4.3.2.2 前片制图步骤

（1）各水平线同后片。连接上平线、下平线另外端点为前中心线。

（2）在袖窿深线上从与前中心线交点量取 25cm，即胸围/4。

（3）绘前横开领 8.5cm。

（4）绘前肩宽 20cm，即肩宽/2。绘前肩斜 5cm，即胸围/20＋0.5cm。前肩线长＝后肩线长－0.6cm。

（5）以前肩宽与前肩斜交点回量 3cm 作竖直线为前胸宽。

（6）袖窿平行抬高一个省量 2cm 用于省转化为刀背缝分割线。

（7）前胸宽平分偏 0.7cm，袖窿平行线下 4cm 为 BP 点。

（8）在腰线上分配前腰省量 3cm，侧缝收 2cm 可根据胸围与腰围差分配。

（9）腋下省量转移到刀背缝分割线。

（10）绘叠门宽 2cm，胸围线对出扣位与驳领翻折线位。

（11）腰线前中心线下 2cm，平行线下 4cm 定大袋位。

4.3.2.3　领制图步骤

（1）在前衣片上平线横开领的侧颈点量取 2cm，与前叠门宽线上的第一纽位连接形成翻驳线。

（2）翻驳线延长，长度与后领圈等长，在翻驳线延长线的垂线量取 2cm。将延长线转移到该点形成后领翻折线。

（3）将翻折线平行移动到侧颈点，在翻折线另一头垂直量取领座高 3cm，领座高延长 3.5cm 为翻领宽。

（4）在翻驳线上从上平线横开领量取 9.5cm，垂直量取 8cm 为驳领宽。

（5）在侧颈点后领翻折线延长量取 5cm 与驳领宽点连接为串口线、驳领宽点与第一纽位点连接，形成翻驳领。

（6）在串口线上从驳领宽点量取 3.5cm 为驳领止口线，80°旋转驳领止口线并量 3cm 为驳领外口线。

（7）分别连接后翻颈宽并画顺。

4.3.2.4　袖片制图

袖片制图如图 4-31 所示。

（1）拓印袖窿弧线，连接肩端点并平分，引垂线，取到袖窿深的 4/5 定袖山高。

（2）绘上平线与袖口线，它们之间等于袖长 52cm。

（3）量取前后袖窿 AH 值，分别从肩端点平分，以 AH/2＋（0～0.5cm）求得前后袖肥大。

（4）平分前后袖肥大，绘前后袖侧线。

（5）绘袖肋线，由上平线下量 31cm，即袖长/2＋5cm。

（6）后袖侧线降低 1cm，由前袖侧线起作斜线，量出袖口宽 12.5cm。

（7）绘大袖片前缝基础线，距前袖侧线 2.5cm 为前偏袖量，在前袖侧外侧作平行线。

（8）绘小袖片前袖缝基础线，距前袖侧线 2.5cm 为前偏袖量，在前袖侧内侧作平行线。

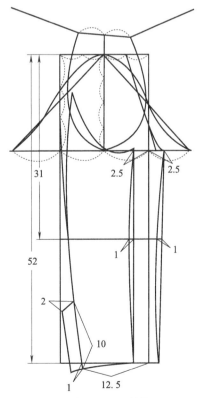

图 4-31　袖片制图（单位：cm）

(9) 绘后袖缝基础线，将袖口宽和后袖侧线的交点相连。

(10) 重新连顺袖山弧线。

4.3.3 裁剪样板

(1) 净样板 按结构制图轮廓线裁剪取得，见图 4-32。

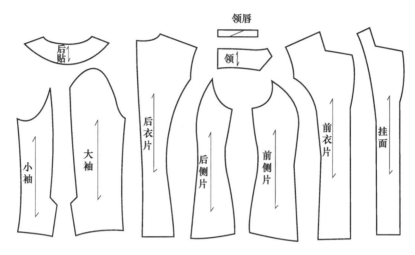

图 4-32 净样板

(2) 毛样板制作 在净样板的基础上加放缝份和贴边取得，其中包括面料和里料样板。面料样板在净样板基础上一周放 1cm 的缝份，下摆和袖口放 4cm（3cm 折边，1cm 缝份）。里料样板也在净样板基础上放缝份，其中下摆因有 1cm 坐势，折边距下摆 1cm，所以放样板时下摆及袖口就为净边，无须再放，肩缝放 1cm，袖窿放 0.8cm，侧缝、分割缝和袖缝均放 1cm，袖山放 0.8cm。并在纸样的相应位置打剪口，标注相关的样片文字说明及经向纱线符号标记。

① 面料样板，见图 4-33。

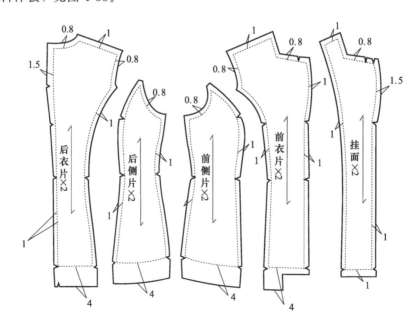

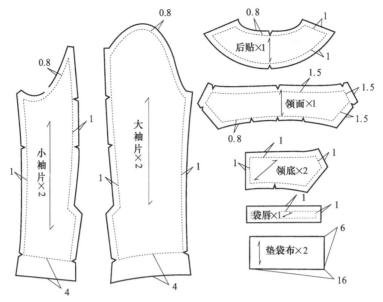

图 4-33　面料样板（单位：cm）

② 里料样板，见图 4-34。里料样板是在面料样板基础上收放合拼的。

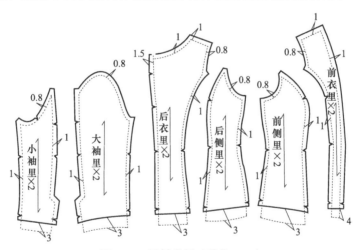

图 4-34　里料样板（单位：cm）

里料样板合拼结果，见图 4-35。

图 4-35　里料样板合拼结果

（3）工艺样板与纸朴样板制作，见图 4-36。

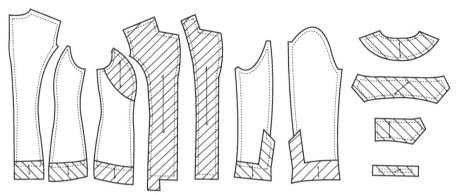

图 4-36 工艺样板与纸朴样板制作

（4）样板标记 对样板打刀眼、钻孔，见图 4-37。

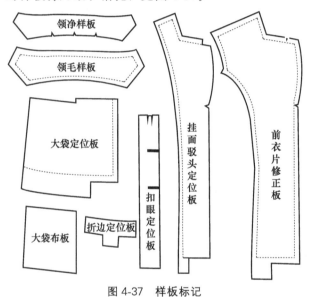

图 4-37 样板标记

（5）填写纸样清单 纸样清单用于记录工业纸样的数量，以便翻查和管理，见表 4-3。

表 4-3 西装纸样清单

序号	净样板名称	毛样板名称	裁片数量	黏衬数量
1		前片	2	2
2		后片	2	2
3		侧片	2	2
4		大袖	2	
5		小袖	2	
6		挂面	2	2
7		袋盖	2	2
8		领面	2	1
9		领座	2	1
10		大嵌条	2	
11		小嵌条	2	

4.4 西装工艺

　　服装公司生产技术部已经完成一款刀背缝女西装样衣的制版工作，现安排制作女西装的样衣。

　　西装结构严谨，穿着端庄、美观，制作工艺严格，对其工艺质量有以下要求。

　　（1）成品规格要准确。面、里松紧适宜，黏衬平服，穿在衣架上饱满、挺括，显得美观大方。

　　（2）领头、驳头造型正确，串口顺直，丝缕正直，驳领窝服，条格左右对称，条格缺嘴相同，高低一致。前身胸部圆顺，饱满；两格腰吸一致，丝缕顺直。

　　（3）门里襟长短一致，止口顺直平服，不外吐；胸省顺直，高低一致，衣袋高低一致，左右对称；袋盖窝服，宽窄一致。

　　（4）下摆衣角方正，底边顺直。后背背缝顺直，条格对称，吸腰自然，袖窿要有戤势。肩头部位肩缝顺直，前后平挺，肩头略带翘势。

　　（5）袖子的袖山吃势均匀，圆顺居中，两袖弯势适宜，左右对称，袖口平整，大小一致。

　　（6）里子要光洁平整，坐势正确。

　　（7）整烫要求平、薄、挺、圆顺、窝、活。

4.4.1 审查核对打样材料

　　（1）检查纸样裁片各部位的规格尺寸是否正确。

　　（2）检查纸样裁片是否齐全。

　　（3）检查各部位裁配关系是否吻合。

　　（4）核对文字标注，包括在纸样中相应位置标注相关的文字及经向标志。

　　（5）核对纸样定位及打孔位，包括腰围线、省大、前中、底边缝口等。

4.4.2 算料、排料与裁剪

4.4.2.1 计算用料量

　　（1）面料　根据客户提供的面料门幅（144cm），计算制作女西装的样衣用料为：衣长＋袖长＋5cm。

　　（2）纸朴　30cm 门幅为 150cm。

4.4.2.2 排料

　　（1）面料平排排料，见图 4-38。面料叠折排料，见图 4-39。

　　（2）里料平排排料，见图 4-40。里料叠折排料，见图 4-41。

4.4.2.3 裁剪

　　根据加放缝位的画粉线开剪，女西装的裁片分别有以下几类。

　　面料类：前衣片、后衣片、大袖片、小袖片、领面、挂面、垫袋布、袋唇等。

　　里料类：前、后衣片夹里，大、小袖片夹里，衣袋袋布等。

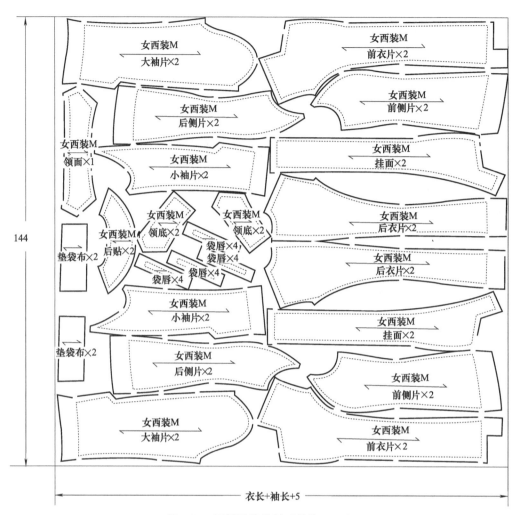

图 4-38　面料平排排料（单位：cm）

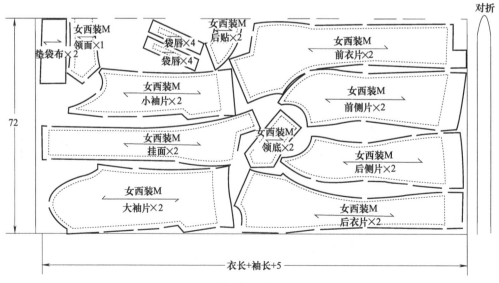

图 4-39　面料叠折排料（单位：cm）

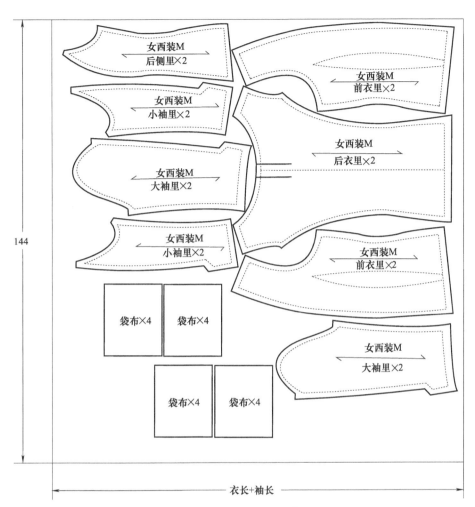

图 4-40　里料平排排料（单位：cm）

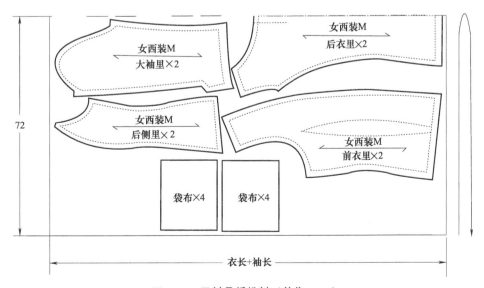

图 4-41　里料叠折排料（单位：cm）

衬料类：主要用有纺黏合衬，所用部位在黏衬工序中说明。一般的制作，前片可以只黏大身一层衬，讲究一些的可以在胸部再增黏一层薄型黏衬。如要制作更精制的女西装，可以和男西装工艺中一样在前胸再增加胸衬，只要将增加胸衬的收省部位与省量改变成与女性体型相符即可。

其他：袋布一般采用漂布、涤棉布或料布。缝线的采用，一般毛呢类用丝线，以增加色泽和牢度；化纤类可用涤纶线或锦纶线。缝线的颜色要同面料一致。垫肩可用棉花制作。

4.4.3　编制工序工艺流程

黏衬→打线钉→缉省缝→分烫省缝→推门→敷牵带→开袋→做后衣片→缝合摆缝、肩缝→做、装领里→装领面→复挂面、领面→修、烫门里襟与领止口→翻烫门里襟、领止口和定底边→做袖→装袖→做装夹里→锁眼→整烫→钉扣。

4.4.4　女西装的工艺制作

4.4.4.1　黏衬（用熨斗烫黏合衬）

（1）前衣片烫黏合衬，见图 4-42。

（2）前侧片上部烫黏合衬，见图 4-43。

（3）前侧片底边烫黏合衬，见图 4-44。

（4）挂面贴烫黏合衬，见图 4-45。

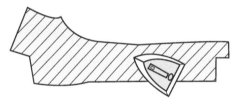

图 4-42　前衣片烫黏合衬

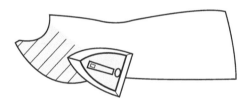

图 4-43　前侧片上部烫黏合衬

图 4-44　前侧片底边烫黏合衬

图 4-45　挂面贴烫黏合衬

（5）后衣片的领窝位烫黏合衬，见图 4-46。

（6）后衣片的底边烫黏合衬，见图 4-47。

图 4-46　后衣片的领窝位烫黏合衬

图 4-47　后衣片的底边烫黏合衬

（7）后侧片底边烫黏合衬，见图 4-48。

（8）领面、领底烫黏合衬，见图 4-49。

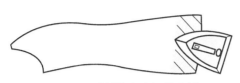

图 4-48　后侧片底边烫黏合衬

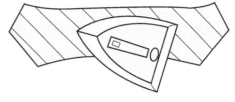

图 4-49　领面、领底烫黏合衬

（9）袖衩部位烫黏合衬，见图 4-50。

4.4.4.2　前片缝制

（1）前衣片与前侧片面对面，对准腰剪口位，用平车车 1cm 缝份的暗线，见图 4-51。

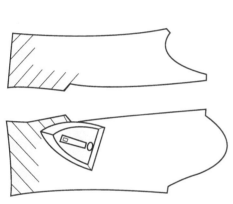

图 4-50　袖衩部位烫黏合衬

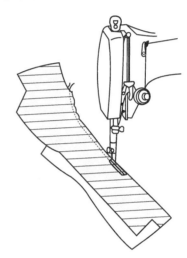

图 4-51　车暗线

（2）打剪口。在缝骨的弧位和腰位，用剪刀打剪口，令弧线骨位易烫开，见图 4-52。

（3）分烫缝份。用熨斗将弧线缝份烫开，使弧线平顺，见图 4-53。

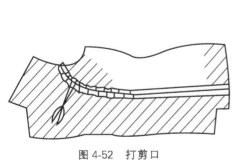

图 4-52　打剪口

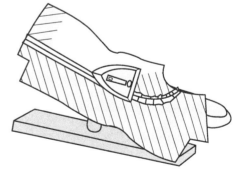

图 4-53　分烫缝份

4.4.4.3　开双唇袋

（1）在衣身上定袋位，见图 4-54。

（2）袋位烫黏合衬，见图 4-55。

（3）上下袋唇烫黏合衬，并将袋唇对折，见图 4-56。

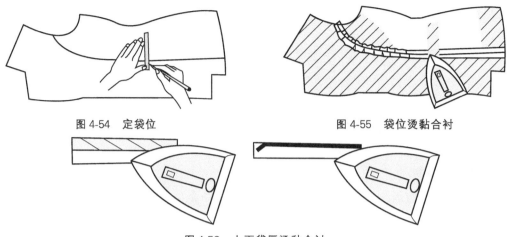

图 4-54　定袋位　　　　　　　　　图 4-55　袋位烫黏合衬

图 4-56　上下袋唇烫黏合衬

（4）垫袋布烫黏合衬，见图 4-57。

（5）袋唇放在垫袋布边上，边对齐，车缉 1cm 线固定，见图 4-58。

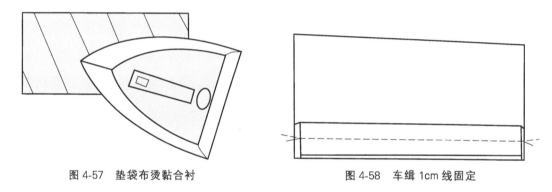

图 4-57　垫袋布烫黏合衬　　　　　　　图 4-58　车缉 1cm 线固定

　　（6）固定上袋唇的垫袋布，放在衣身的袋位上边，与衣身面对面，将袋唇的定位线与袋位上边相对，沿此线用平车将上袋唇垫袋布固定于衣身上，见图 4-59。

　　（7）下袋唇用平车车 1cm 单线，用于下袋唇的定位线，见图 4-60。

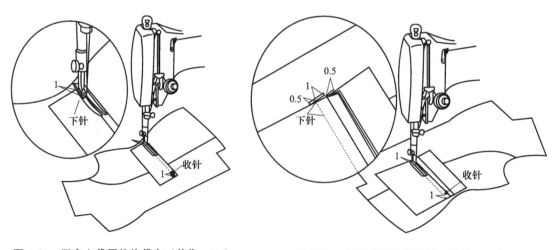

图 4-59　固定上袋唇的垫袋布（单位：cm）　　　图 4-60　车下袋唇的定位线（单位：cm）

（8）下袋唇放在大身袋位的下边上，底与大身面相对，下唇的 1cm 单线与袋位底边相对，沿此线，用平车车单线，将下袋唇固定于大身上。

（9）用剪刀剪开袋口。在上下车线的中位剪开，在袋位两端各剪 1cm 长的三角位，要以剪刀尖下刀，不可剪到车线，见图 4-61。

（10）翻起垫袋布，将上下袋唇由剪口翻出。将上袋唇和下袋唇铺平，见图 4-62。

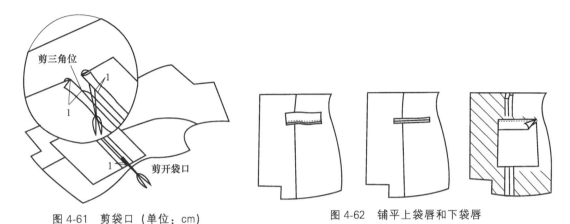

图 4-61 剪袋口（单位：cm）　　　　　图 4-62 铺平上袋唇和下袋唇

（11）拼接袋布，见图 4-63。

（12）封袋口两端的三角位。折起袋口两端的大身，用平车各车一条直线，车住三角位。

（13）袋布底朝上，下袋唇铺平，底边折入 1cm 缝份，用平车车一边线固定。

（14）袋衬放于袋布的另一边的定位上，靠袋布边的一边直接用平车车 0.5cm 的单线固定。

（15）袋衬的另一边，折入 1cm 缝份，用平车车一边线固定。

（16）将袋布定位，向袋口折。

（17）用平车在袋布的顶边车 1cm 单线固定，见图 4-64。

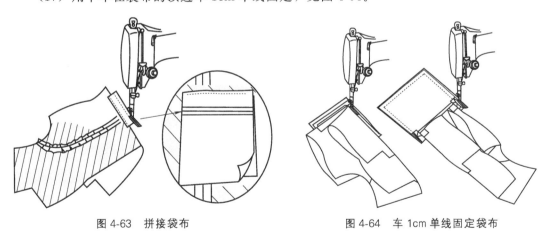

图 4-63 拼接袋布　　　　　图 4-64 车 1cm 单线固定袋布

4.4.4.4 后片缝制

（1）左右后中片面对面，用平车车 2cm 缝份，见图 4-65。

（2）用熨斗烫平缝份，见图 4-66。

（3）后中片与后两侧片缝合。后中片与后侧片面对面，用平车车 1cm 暗线，见图 4-67。

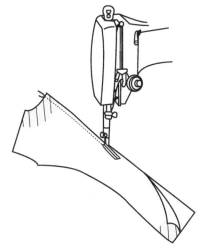

图 4-65 车 2cm 缝份

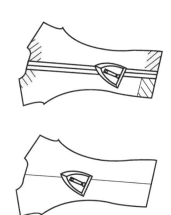

图 4-66 烫平缝份

（4）用剪刀，在缝份的弧位打剪口，令弧线骨位易烫开。

（5）用熨斗将缝份骨位烫开，见图 4-68。

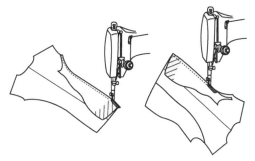

图 4-67 缝合后中片与后两侧片

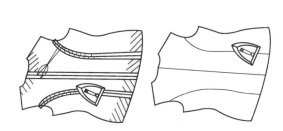

图 4-68 烫开缝份骨位

（6）后袖窿位，用熨斗烫黏合衬直牵条，要略拉紧，使袖窿缝份不易变形。

4.4.4.5 缝合前后片

（1）将前后片面对面，用平车车 1cm 暗线缝合，见图 4-69。

（2）用熨斗将缝份烫开，见图 4-70。

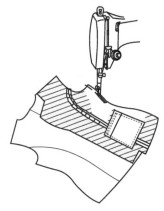

图 4-69 车 1cm 暗线缝合

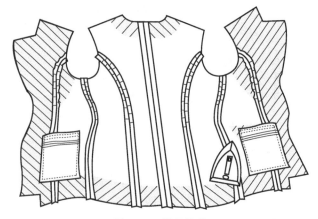

图 4-70 烫开缝份

4.4.4.6 里片缝制

（1）前里片车枣形褶。前里片以褶位面对面折，沿枣形褶位车线，见图4-71。

（2）打开前里片正面，见图4-72。

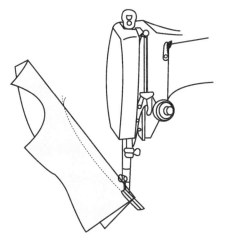

图 4-71 前里片车枣形褶

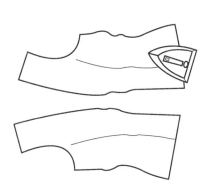

图 4-72 打开前里片正面

（3）前里片与侧中片面对面，用平车车1cm暗线，见图4-73。

（4）左右后里片面对面，用平车先车2cm宽、7cm长的暗线，再转折车1cm的暗线至衫底。使后里片在后中位有1cm的活动位，见图4-74。

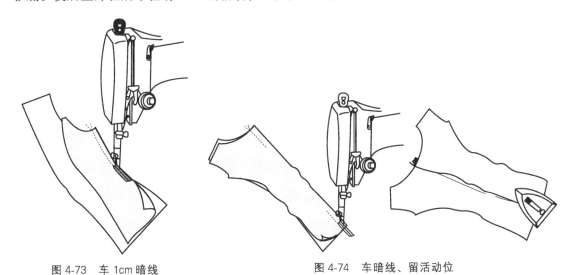

图 4-73 车1cm暗线

图 4-74 车暗线、留活动位

（5）后片领窝位车面布贴片。贴片用熨斗烫折1cm缝份，见图4-75。

（6）贴片放在后中里片的领窝位，底与里片面相对，在领窝位用平车车0.5cm暗线固定。

（7）用平车，在贴片底边车一明边线。

（8）后中里片与两侧中里片面对面，用平车车1cm暗线缝合，见图4-76。

（9）里片与面片缝合。里片与面片面对面，底边对齐，用平车车1cm暗线缝合，见图4-77。

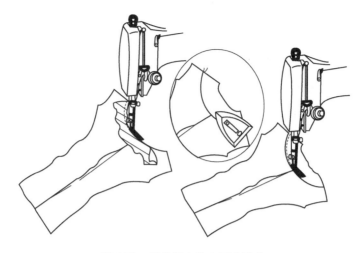

图 4-75　后片领窝位车面布贴片

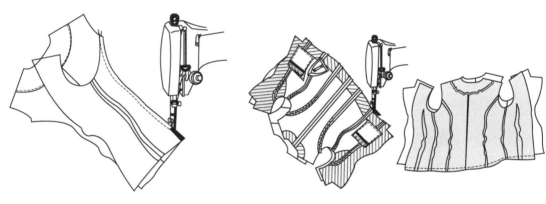

图 4-76　车 1cm 暗线缝合　　　　　　　图 4-77　缝合里片与面片

（10）面片的衫脚向底部折烫 4cm 高，见图 4-78。

（11）里片脚位比衣片脚贴边翻折位要烫下 0.5cm 的松量，便于里片的活动，见图 4-79。

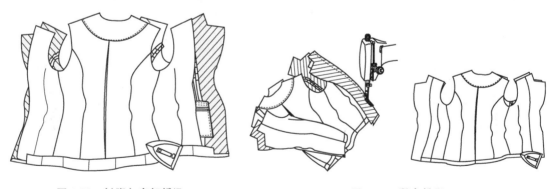

图 4-78　衫脚向底部折烫　　　　　　　图 4-79　留有松量

4.4.4.7　面里片的肩位缝制

（1）衣片肩位缝合。前后衣片正面对正面，在肩位用平车车 1cm 暗线缝合，然后用熨斗将肩位的缝份烫开，见图 4-80。

（2）里片肩位缝合。前后里片面对面，在肩位用平车车 1cm 暗线缝合，见图 4-81。

（3）用熨斗将里片肩位的缝份烫向后片。

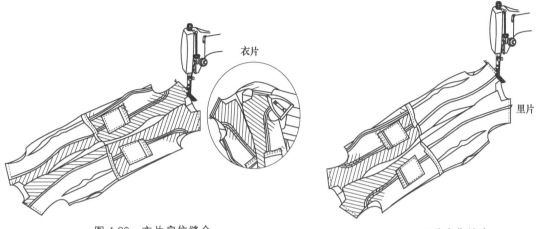

图 4-80　衣片肩位缝合　　　　　　　　　图 4-81　里片肩位缝合

4.4.4.8　车前襟贴

（1）前中片反领位烫黏合衬牵条。牵条 1cm 宽，长度比反领线小 0.5cm，位置距反领线 0.5cm，令领反烫时易贴身，见图 4-82。

（2）缝合前襟贴和前衫身。前襟贴和前衫身面对面，用平车车 1cm 暗线。车到前衣身脚位打剪口，然后将衣脚位向里折 4cm，将前襟贴和前里片一起缝合 1cm，见图 4-83。

图 4-82　前中片反领位烫黏合衬牵条（单位：cm）　　　图 4-83　缝合前襟贴和前衫身

（3）用剪刀修前襟贴边的缝份至 0.5cm，便于反烫襟贴，见图 4-84。

（4）将前襟贴翻到正面，用熨斗烫平，见图 4-85。

4.4.4.9　袖子面袖缝制

（1）车小袖衩。底边反折 4cm，在有衩位的一边，用平车车 1cm 缝份；底边留 1cm 位置（图 4-86 中虚线位置）不可车，用于以后与里子袖口边缝合，见图 4-86。

（2）面大袖与小袖面对面，在开衩边用平车车 1cm 宽暗线，缝线位见图 4-87。

（3）大袖，将袖底边与衩边对折，见图 4-88。

（4）车大袖衩。用平车车一条 3cm 线与折边垂直，见图 4-89。

图 4-84　修前襟贴边的缝份（单位：cm）

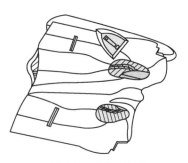

图 4-85　烫平前襟贴

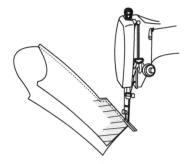

图 4-86　车小袖衩

图 4-87　缝线位

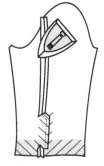

图 4-88　袖底边与衩边对折

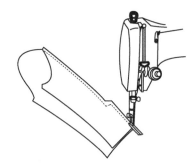

图 4-89　车大袖衩

（5）面大袖与小袖面对面，另一边对齐，用平车车 1cm 宽暗线，见图 4-90。

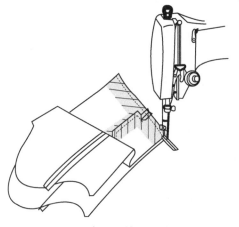

图 4-90　车面大袖与小袖暗线

（6）用熨斗，将缝份烫开，见图 4-91。

（7）小袖衩位，在角位用剪刀打一剪口，然后用熨斗将缝份烫开，见图 4-92。

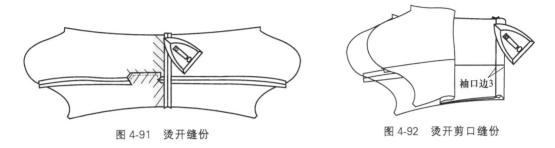

图 4-91　烫开缝份　　　　　　　　　图 4-92　烫开剪口缝份

4.4.4.10　里袖缝制

（1）大里袖和小里袖面对面，用平车车 1cm 暗线缝合，见图 4-93。

（2）大里袖和小里袖面对面，用平车在另一边车 1cm 暗线缝合（左袖要留约 10cm 长的位置不要车，用作整件衣服的翻口位），见图 4-94。

（3）用熨斗将里袖两侧的缝份烫向小袖，见图 4-95。

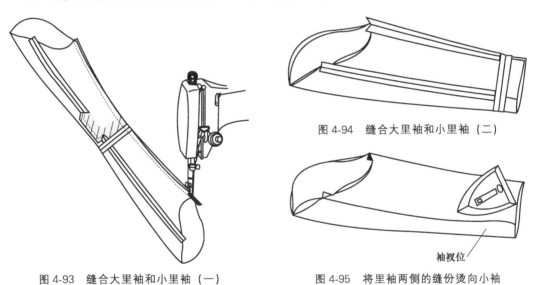

图 4-94　缝合大里袖和小里袖（二）

图 4-93　缝合大里袖和小里袖（一）　　　图 4-95　将里袖两侧的缝份烫向小袖

4.4.4.11　面里袖缝合

（1）面袖口与里袖口面对底，袖口边对齐，用平车车 1cm 暗线缝合，以袖衩顶为起针点，里袖的一侧缝骨位与面袖缝骨（没有袖衩的一侧）相对。

（2）翻出面袖，大袖衩盖住小袖。

（3）里袖，在袖口边位比面袖骨位烫下 0.5cm 的松位，用于里袖的活动量。

4.4.4.12　上面袖

（1）袖头。在大袖和小袖各有一个对位点，此段位置用平车调松线步，缩容，不可打褶，令袖子车到衫身时，袖头更饱满，见图 4-96。

（2）上面袖。以袖夹底点、前袖定位点、后袖定位点相对，从距肩 8cm 的后片点为起点车 1cm 暗线。如此车法，会令袖头较圆顺，注意起针点，见图 4-97。

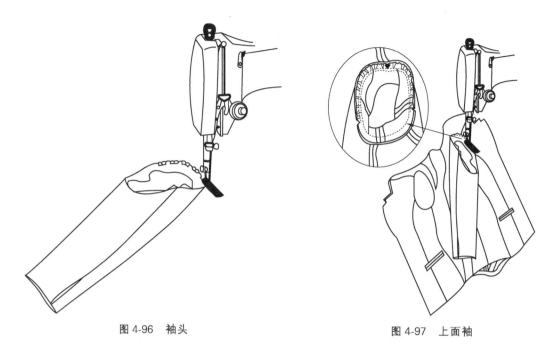

图 4-96　袖头　　　　　　　　　　　图 4-97　上面袖

　　（3）在袖头位，前后袖的定位之间，在袖缝份面要车一布条作弹袖，2cm 宽，用平车车 1cm 暗线。当袖子翻烫后，会令袖头有立体效果。

　　（4）上里袖。将袖夹底点、前袖定位点、后袖定位点相对，从距肩 8cm 的后片点为起点车 1cm 暗线。如此车法，会令袖头较圆顺。

　　（5）将袖翻到正面。

4.4.4.13　领子缝制

　　（1）在领底，用可褪色的笔将领的实样画在上面，见图 4-98。

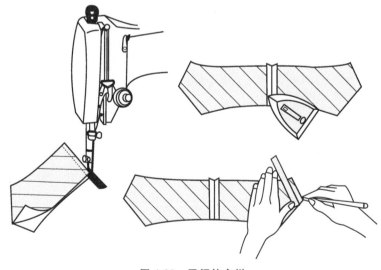

图 4-98　画领的实样

　　（2）沿着实样线，用平车车一暗线，见图 4-99。

　　（3）修剪领子缝份，修至 0.5cm，以便翻领后易烫平，见图 4-100。

（4）将领翻到正面。

（5）用熨斗烫领，见图 4-101。

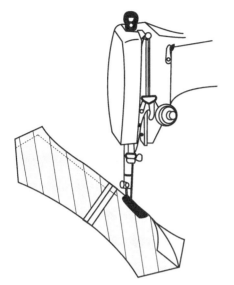

图 4-100　修剪领子缝份（单位：cm）

图 4-99　沿实样线车一暗线

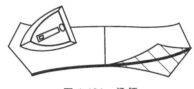

图 4-101　烫领

4.4.4.14　上领

（1）将衫身由左里袖的空位翻出衫底，领子放于领窝中，后中点、左右侧颈点对位，底领面与衫里面相对，用平车车 1cm 暗线。车缝时，在领的角位要用剪刀打剪口，然后将领子转位，与衫身的转角位缝合，见图 4-102。

（2）领子。将后中点、左右侧颈点对位，领面与衫身面相对，用平车车 1cm 暗线。车缝时在领的角位用剪刀打剪口，然后将领子转位，与衫身的转角位缝合，见图 4-103。

（3）将缝合好的面领和里领缝份用熨斗烫开。

（4）用平车将两层领窝处的缝份合起固定。

（5）将衫身从左袖里的空位翻出，见图 4-104。

4.4.4.15　手上垫肩棉

垫肩棉画出中位，将中位线朝前片移 1cm，即垫肩棉中线与前片的缝份边相对。垫肩棉要比衫身缝份放出 1cm，如此可使袖子在肩位更挺。然后在中心位、中位边、前后两边，分别用手针加固，见图 4-105。

手针缝左里袖口的翻衫位，见图 4-106。

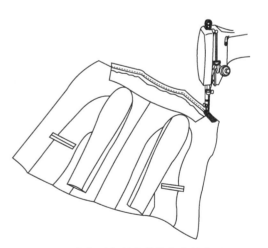

图 4-102　将领子与衫身的转角位缝合（一）

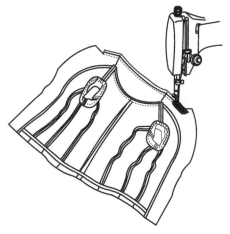

图 4-103　将领子与衫身的转角位缝合（二）

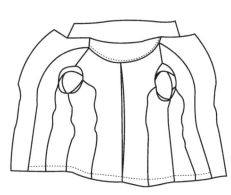

图 4-104　翻出衫身

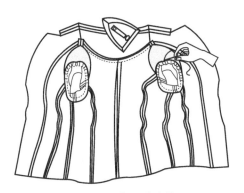

图 4-105　加固垫肩棉

图 4-106　手针缝左里袖口的翻衫位

4.4.4.16　锁眼、钉扣

按样板上的位置进行锁眼、钉扣，要求位置准确，锁钉牢固，见图 4-107。

4.4.4.17　整烫

各条缝线、折边处要熨烫平整、压死，驳口翻折线第一扣位向上三分之一不能烫死。从正面熨烫时要垫上烫布，以免损伤布料或烫出极光。整烫后，将服装挂在衣架上充分晾干后再进行包装，见图 4-108。

图 4-107　锁眼、钉扣

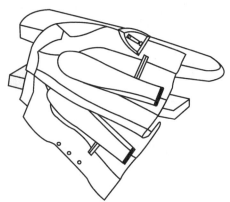

图 4-108　整烫

5

女装原型

原型是符合人体基本穿衣要求、没有款式特点的最简洁的基础样片。是通过大量人体实测后，加入最基本的放松量，用服装结构制图的方法，将人体立体形态转换为平面的结果。

原型的松度适宜，其领口、肩、背、胸凸及肩胛凸等图元控制部位尺寸与人体对应部位尺寸吻合。原型以人体为本是服装结构设计和变化的基础。

女装原型尺寸符合目前最新国标 GB/T 1335.2—2008《服装号型 女子》，结构上借鉴了文化式原型结构方法，并本着尽可能适应不同的制版方法和易于变化的原则，进行适当的调整设计而成。

5.1 女装原型制图

5.1.1 女装原型制图的尺寸及要点

（1）原型制图尺寸 女装制图规格以女性体型的中间体号型 160/84A 的尺寸为例制图，单位为厘米（cm）。

净胸围（B）：84cm。背长：38cm。总肩宽（S）：39.4cm。领围（N）：38cm。

（2）制图要点 人体除特殊体型外，左右两边对称。所以原型仅作半身图。根据惯例，女装右衣片在上，男装左衣片在上。因此原型制图，女装制作右半身，男装制作左半身。

这一点在排料、裁剪时应注意根据不同的要求和习惯可翻转衣片，特别是不对称衣片要确定好方向后进行。

5.1.2 女装原型基础线

女装原型基础线如图 5-1 所示。

（1）作矩形 矩形宽＝B/2＋5cm（松量）＝47cm。矩形高＝背长（38cm）。

（2）作领围 原型领口＝颈围＋4.4cm（松量）＝38cm。

后领宽＝领围/5－0.5cm＝7.1cm。

后领深＝后领宽/3＝2.4cm。

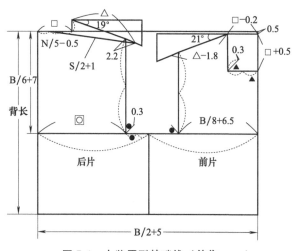

图 5-1 女装原型基础线（单位：cm）

前领宽＝后领宽－0.2cm＝6.9cm。

前领深＝后领宽＋0.5cm＝7.6cm。

（3）作肩部　原型后肩斜角为19°，直角边的边长比为15∶5.2；前肩斜角为21°，直角边的边长比为15∶5.8。

原型肩宽＝总肩宽/2＋1cm（预留的后肩省中段的省量）＝20.7cm，按图5-1自颈围后中心点（BNP）在肩斜线定原型肩端点SP点。

前片小肩宽＝后片小肩宽－1.8cm（其中，后肩省量为1.5cm，缝缩量0.3cm）。

（4）作袖窿深　由颈围后中心点（BNP）向下量，净胸围/6＋7cm＝21cm，定点，画胸围线。

（5）后背宽＝原型肩宽－2.2cm（冲肩量）＝18.5cm，按图由后SP点在小肩线上取2.2cm（冲肩量）定点，作垂线相交于胸围线（BL），交点至背长线的距离为后背宽。

前胸宽＝B/8＋6.5cm＝17cm或后背宽－1.5cm＝17cm。

（6）作侧缝线　在胸围线中点向下作垂线完成原型基础线。

5.1.3 女装原型轮廓线

女装原型轮廓线如图5-2所示。

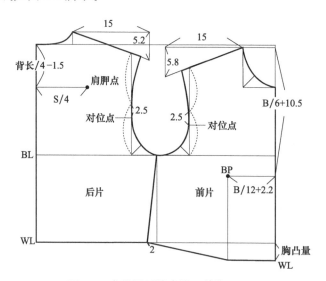

图 5-2 女装原型轮廓线（单位：cm）

作凸点：按图5-2作前片胸点（BP）和后片肩胛点。

前中心线向下延长，净胸围/20＋1.35cm＝3.45cm（胸凸量），按图5-2作比例线段，定参考点，经参考点画圆顺领弧线、袖窿弧线、封闭原型轮廓线，按图确定上袖对位点。

5.2 原型的定位

女装原型的定位是根据不同的体型与不同的服装造型，对原型的预留省量（胸凸量）进行处理的方法之一。

(1) 原型前后腰围线在同一水平线定位 把胸凸量（原型纵向省量）全部保留，定位后一般要进行省道转移、分散，适合标准丰满体型合体服装原型的定位（图5-3）。

(2) 前片原型腰围线低于后片腰围线0.5～1cm定位 将胸凸量（原型纵向省量）减掉0.5～1cm定位，适合普通体型合体服装原型的定位（图5-4）。

(3) 前片原型腰围线低于后片腰围线，胸凸量/2定位，适合宽松造型服装原型的定位（图5-5）。

(4) 转撇胸原型定位 以BP点为不动点，转撇胸可以在第一种或第二种方法定位后，逆时针旋转原型使领围前中心点离开0.7～1cm。转撇

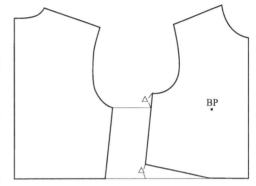

图5-3 标准丰满体型原型的定位

胸定位适于西服领一类的服装定位，转撇胸与不同的省道或分割形式组合应用，能够减小原型前后侧缝差，使省道的变化更自然灵活（图5-6）。

(5) 错误的定位方法 把胸凸量（原型纵向省量）全部减掉，使得前腰节太短，不符合女性人体结构，违背原型设计意图，是错误的定位方法（图5-7）。

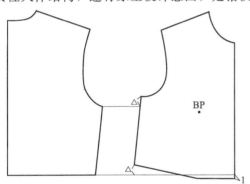

图5-4 普通体型原型的定位（单位：cm）

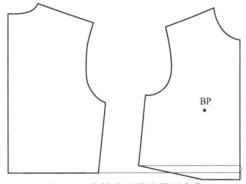

图5-5 宽松造型服装原型定位

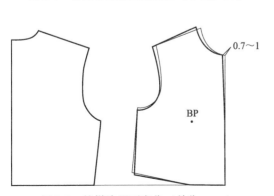

图5-6 转撇胸原型定位（单位：cm）

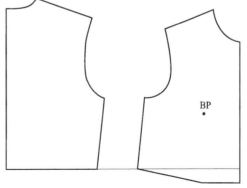

图5-7 错误的定位方法

5.3 原型的省量与省道

5.3.1 原型的省量

如图 5-8 所示，原型的身宽以净胸围/2＋5cm（松量）进行计算，原型中腰省总量＝（净胸围/2＋5cm）－（净腰围/2＋3cm）。原型中腰省包括中腰各个省位的收省量，是中腰收省总量。

5.3.2 原型的省道

原型的省道如图 5-9 所示，原型前片是以 BP 点为中心，原型后片是以肩胛点为中心，并作为起点，与衣片的轮廓线上任意一点连线均可成为省道。

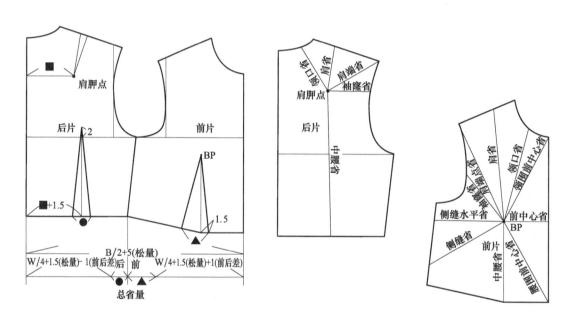

图 5-8 原型的省量（单位：cm）　　　　　图 5-9 原型的省道

省道包括侧缝省、袖窿省、肩省、领口省、前中心省、中腰省、肩端点省七种类型。

图 5-9 中所示是最常用的省道，其中，前片侧缝水平省、后片肩省是原型预留的省位，一般作为基础省位，在省道变化时比较方便。

原型定位后，前身通过对原型的纵向省量（胸凸量）的处理，使原型的前、后片侧缝等长。

前片以 BP 点为不动点把省道线移动一个角度，该角度是原型预留省两边的夹角，不同的省道线移动的角度均是相同的。由于位置不同、省道线的长度不同，因此转移后的省量不同，但移动后的胸凸效果相同。后片肩胛省的移动具有相同的规律。

5.4　省道转移的方法

5.4.1　旋转法

旋转法如图 5-10 所示。

（1）以 BP 点为不动点，逆时针旋转原型，使得原型 a 点旋转至腰围水平线上 a′ 点位置。

（2）按图 5-10 重新画好旋转后要保留的省线与轮廓线，后离开 BP 点 2～6cm（根据省的位置而确定），确定省尖点修正省线。以达到使胸部丰满自然的效果。

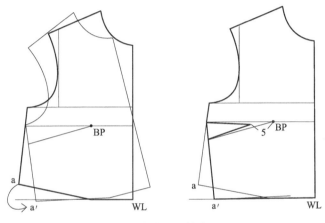

图 5-10　旋转法（单位：cm）

5.4.2　切展法

如图 5-11 所示，在轮廓线应设置省的位置，朝向 BP 点剪开省道线后，折叠省量，使 a 点移动至腰围线上 a′ 点，使省道线自然展开形成新省，自然张开的量即省量，按图 5-11 画好轮廓线，距 BP 点 2～6cm（根据省道的位置）确定省尖点修正省线。

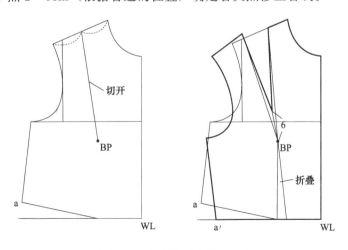

图 5-11　切展法（单位：cm）

5.5 省道变化与组合

5.5.1 肩省组合中腰省

肩省组合中腰省如图 5-12 所示。

（1）在肩线上，小肩线的中点为 b 点。b 点的位置不是固定的，例如有时需要与后片肩部分割线位置对齐，有时移动至领子下可被盖上的隐蔽位置，可根据不同的设计而定。把定点和 BP 两点连线作为开省线。

（2）用旋转法以 BP 点为不动点，逆时针旋转原型，使 a 点旋转到腰围水平线上 a′点位置，使开省线自然展开，将预留省量转移到肩省。省尖与 BP 点离开，重新画好省线。

（3）将肩省和中腰省省边用弧线圆顺地连接、贯通，形成分割线。

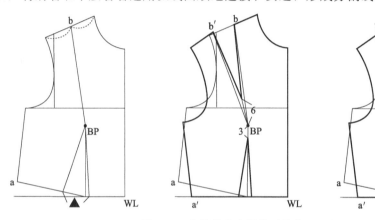

图 5-12 肩省组合中腰省（单位：cm）

5.5.2 袖窿省组合中腰省

袖窿省组合中腰省如图 5-13 所示。

（1）在袖窿弧线上确定一点 b，将定点与 BP 两点连线作为开省线。

（2）用旋转法，以 BP 点为不动点，逆时针旋转原型，使 a 点旋转到腰围水平线上 a′点

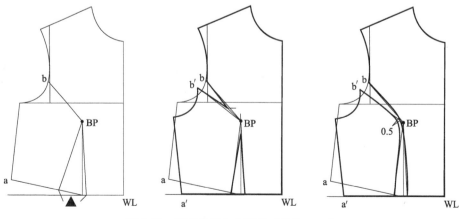

图 5-13 袖窿省组合中腰省（单位：cm）

位置，使开省线自然展开，将预留省量转移到袖窿。省尖要与 BP 点分开，重新画好省线。

（3）将袖窿省省边与中腰省省边用弧线圆顺地连接、贯通，形成分割线。

5.5.3 领省组合中腰省

领省组合中腰省如图 5-14 所示。

（1）在领弧线上确定一点，和 BP 两点连线作为省道线。

（2）用切展法，朝向 BP 点剪开省道线、折叠省量。使 a 点移动至腰围水平线上 a′点位置，使省道线自然展开形成新省，将预留省量转移到领省。画好轮廓线，距 BP 点 6cm 确定省尖点修正省线。

（3）将领省省边与中腰省省边用弧线圆顺地连接、贯通，形成分割线。

图 5-13、图 5-14 均是转移预留的省量后与中腰省组合，两组省道圆顺地连接、贯通，形成分割线，与图 5-12 是相同的规律。

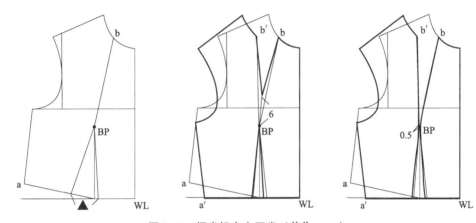

图 5-14 领省组合中腰省（单位：cm）

5.5.4 省量全部转移的方法

省量全部转移如图 5-15 所示。

（1）图 5-15（a）全省的省量和省道，在原型轮廓线上任意一点（包括角点），与 BP 点两点连接均可成为开省线，按图定省位和省量，由图 5-8 已得出"▲"为原型前片全省。

（2）图 5-15（b）转前中心省，剪开前中心省省道线，到 BP 点为止，以 BP 点为不动点向逆时针方向旋转原型，合并前片全省量，开省线自然展开，画好展开的省边与轮廓线，腰围线用弧线重新画好，距省尖 2cm，修正省边。

（3）图 5-15（c）转领围前中心省、图 5-15（d）转侧缝斜省、图 5-15（e）转肩端点省、图 5-15（f）转腰围前中心省，均是用与图 5-15（b）相同的方法，转移的是原型前片的全省量。设计时还应考虑与领口门襟等部位的配合，在此基础上掌握规律与方法，即可根据需要自行做不同的设计和变化。

5.5.5 不对称省的全省转移

不对称省的全省转移，是全省转移的一种变化形式，如图 5-16 所示。

（1）按图 5-16（a），作袖窿省省线，于侧缝线距底边 5cm 定点 a。

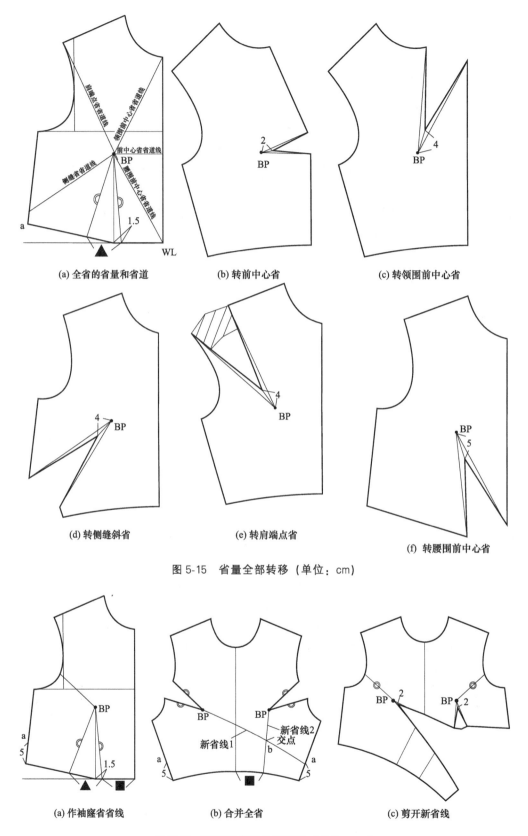

(a) 全省的省量和省道　　　(b) 转前中心省　　　(c) 转领围前中心省

(d) 转侧缝斜省　　　(e) 转肩端点省　　　(f) 转腰围前中心省

图 5-15　省量全部转移（单位：cm）

(a) 作袖窿省省线　　　(b) 合并全省　　　(c) 剪开新省线

图 5-16　不对称省的全省转移（单位：cm）

（2）按图 5-16（b），合并全省，袖窿省自然展开，用曲线重新画圆顺底边线，以前中心线为对称直线对称复制，作新省线 1 与新省线 2，两省线相交于 b 点。

（3）按图 5-16（c），剪开新省线 1，合并袖窿省新省线 1 展开。按图剪开新省线 2，合并袖窿省新省线 2 展开。按图将展开的新省修正好。不对称省的衣片可依照设计需要翻转衣片，改变方向。

全省转移的形式分为很多种，适合于腰围有分割线的设计，可以将省转化为不同的褶，多用于时装类的转省设计，充分利用面料的特点会有很好的效果。

5.5.6　肩胛省

肩胛省是原型后片预留的省，多作为基础省，如图 5-17 所示。肩胛省省尖都指向肩胛点。肩胛省的转省与前片胸省转省的规律和方法相同，相对前片较为简单。

（1）按图 5-17（a），将预留的基础省转移到袖窿。剪开袖窿省道线，合并预留的肩胛省量，形成新的省，画好新的省边与轮廓线，修正肩线。由肩胛点向后中心线作垂线，将衣片分开成为过肩，这是衬衫等有过肩服装常用的方法，肩胛省的省量与省位，可以根据体型和服装的款式调整。

（2）按图 5-17（b），将预留的基础省转为领口省。

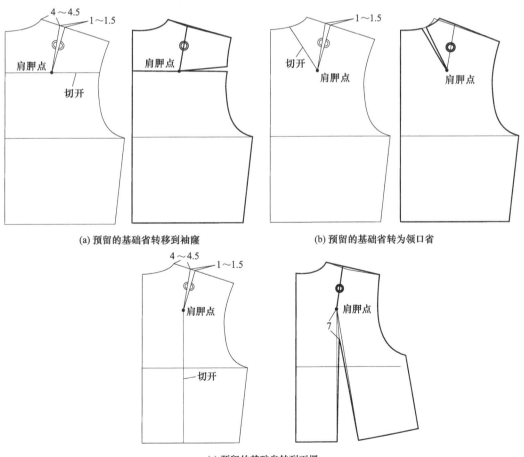

(a) 预留的基础省转移到袖窿　　　　　(b) 预留的基础省转为领口省

(c) 预留的基础省转到下摆

图 5-17　肩胛省（单位：cm）

（3）按图 5-17（c），将预留的基础省转到下摆，都是相同的规律和方法。

5.5.7　中腰省的设置

为了使原型腰部合体，要对原型横向省量中腰省进行设置。

（1）原型中腰省的省量　由原型的省量，已知原型中腰省总量的计算方法如下：

原型中腰省总量＝(B/2＋5)cm－(W/2＋3)cm。

人体腰部前面比后面宽，为保持侧缝线在人体厚度中间位置，原型前、后片中腰省设 2cm 前、后差。

得出：原型后片中腰省量＝（B/4＋2.5）cm－（W/4＋1.5－1）cm。

原型前片中腰省量＝（B/4＋2.5）cm－（W/4＋1.5＋1）cm。

（2）原型中腰各个省的计算与省量分配　原型中腰各个省的计算与省量分配的方法包括以下两种。

① 原型前、后片各个省量分别相对于前、后腰省量的比率进行计算。

② 原型各个省量相对于腰省总量的比率进行计算。

两种方法的区别为：当腰省总量变化时，方法①前、后腰省量增减后，保持设定的前后差数不变。方法②前、后腰省量增减后，保持原比例不变。两种方法可视具体情况选择。

5.6　原型的转换

原型是服装结构设计和变化的基础，是最简洁的基础样片，将原型转换为基型和基础版，使样片逐渐接近具体款式造型会使工作更有效率。

5.6.1　半紧身基型

半紧身基型如图 5-18 所示，在原型基础上，做以下操作。

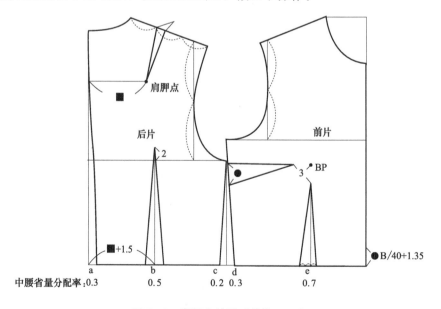

图 5-18　半紧身基型（单位：cm）

（1）前后腰围线在同一直线上水平定位。

（2）将胸凸量转移到侧缝水平省位置作为基础省。

（3）按图 5-18，在腰围线上人体腰部收省有效果的位置，确定省位（包括后背缝收省与侧缝收省的位置）。如图 5-18 中 a、b、c、d、e 省位点。

（4）半紧身基型中腰省的计算方法和原型相同。

半紧身基型腰省总量＝(B/2＋5)cm(松量)－(W/2＋3)cm(松量)。

后片腰省＝(B/4＋2.5)cm－(W/4＋1.5－1)cm。

前片腰省＝(B/4＋2.5)cm－(W/4＋1.5＋1)cm。

半紧身基型是采用中腰省分配方法前、后片各个省量分别相对于前、后腰省量的比例计算的。

5.6.2 紧身基型

紧身基型在半紧身基型基础上，按图 5-19（a）微调身宽、肩斜角、冲肩量、前胸宽、胸凸量。

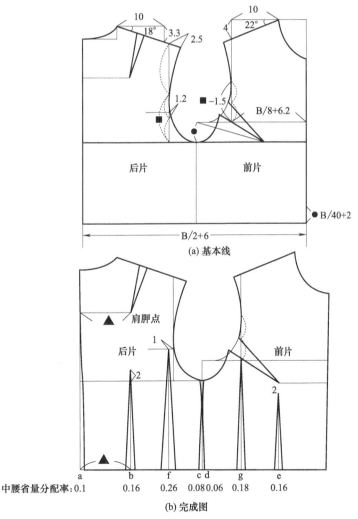

图 5-19 紧身基型（单位：cm）

（1）身宽＝B/2＋6cm。

（2）后肩斜角 18°，前肩斜角 22°。

（3）后冲肩量 2.5cm。

（4）前胸宽＝B/8＋6.2cm。

（5）胸凸量＝B/40＋2cm。

调整之后，前片通过转省将胸凸量转为袖窿省。按图 5-19（b），前、后片各增加一个中腰省 f 省与 g 省，按分配率分配中腰省各个省量，使腰部更加合体。

紧身基型腰省总量＝(B/2＋6)cm－(W/2＋3)cm。

紧身基型是采用中腰省分配方法各个省量相对于腰省总量的比率计算。

5.6.3　合体上衣基础版

[制图尺寸]

参考号型：160/84A。后衣长 65.5cm，胸围 90cm，中腰围 74cm，臀围 98cm；肩宽 39.4cm，领口 40cm。

[制图要点]

合体上衣基础版如图 5-20 所示。原型前、后腰围线在同一水平线定位。

（1）由 BNP 点向下 65.5cm 定衣长（短上衣长在 WL 以下 5～10cm；中上衣长在 HL 上下 2～3cm；长上衣在 WL 以下 20～30cm）。

（2）BL 下落 0.5cm 开深袖窿，WL 向下取臀高尺寸定 HL。

（3）后片胸围加 1cm，补充分割线之间被减掉的量。臀围共有 8～10cm 放松量（可视需要用分割线交叉重叠量调整。1.5cm 是臀围前、后差）。

（4）前片转撇胸，以 BP 点为不动点，逆时针旋转原型使领围前中心点离开 0.7cm，减小前后侧缝差。

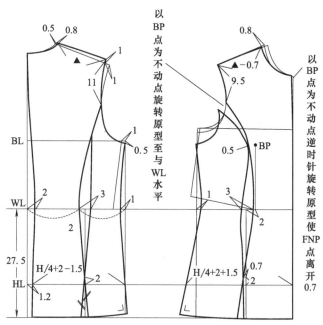

图 5-20　合体上衣基础版（单位：cm）

（5）转袖窿省组合中腰省与图 5-13 方法相同。

（6）合体女上衣基础版，颈肩点的移位变化。

为了区别人体颈点和服装的领点，人体和原型的点称为颈点，服装上的点称为领点。侧领点是指服装的领点，不同于人体或原型的侧颈点，领后中心点是指衣服的领围后中心点，不同于原型的颈围后中心点。

（7）原型的肩颈点是根据普通衬衫松量设计，上衣基础版要对原型的各控制部位点移位、加宽松量。

后侧领点提高 0.5cm，然后沿着肩线开宽 0.8～1cm，后肩端点提高 1cm（其中包括 0.5cm 宽松量，0.5cm 肩垫的厚份），肩宽收进 1cm（原型肩宽含有预留的肩胛省中段省量约为 1cm，不设肩省的服装要将该 1cm 减掉）。

前侧领点顺肩线开宽量 0.8～1cm 和后侧领点开宽量相等。

上述移动量根据不同的设计、不同的面料应该有所变化，如厚面料比薄面料移动量更大，内层衣服加厚时，随围度的增加，移动量也应相应增加。总之，根据具体情况要灵活掌握。

基础版为衣身结构的变化增加了更具体的已知条件，制版时，无须每件衣服都从头开始，选用相近结构的基础版进行调整即可。当前，服装 CAD 的应用已经普及，对于自行设计结构科学合理、轻松变化的基础版，将各种不同的衣身结构与不同类型的衣领、衣袖等部件搭配组合成新的样片，能够极大限度地提高工作效率，实现计算机自动打版，使得服装版型设计人员能比较轻松、有创意地工作。

6 裙子制版

裙子的基本结构比较简单，所以裙子变化的余地和空间非常大，要从变化无穷的裙子中理出一个清晰的思路，可从与其对应的人体部位开始，以人体为本作为变化的依据，按人体运动特点，总结其变化规律，从而得心应手地掌握它。

6.1 裙原型制图

[制图尺寸]

参考号型：160/68A，裙长 56cm，净腰围 68cm，臀高 19cm，腰围 68cm，臀围 94cm。

[制图要点]

裙原型如图 6-1 所示。

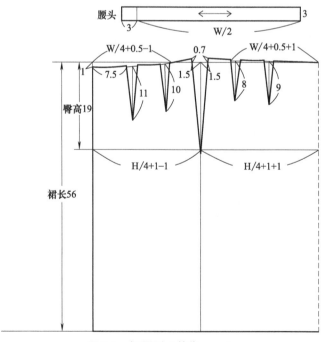

图 6-1 裙原型（单位：cm）

裙原型以腰围线至膝围线的长度为裙原型长。

臀围共预留 4cm 放量，后片臀围＝H/4＋1cm 松量－1cm 前后差，前片臀围＝H/4＋1cm 松量＋1cm 前后差，腰围共预留 2cm 缝缩量。后片腰围＝W/4＋0.5cm 缝缩量－1cm 前后差。前片腰围＝W/4＋0.5cm 缝缩量＋1cm 前后差。前后片臀、腰差的 1/4 在侧缝腰口点减掉 3/4 作为腰省量。裙原型是裙子（包括裙子基础板）的制图基础。

6.2 紧身裙基础版

[制图尺寸]

参考号型：160/68A。裙长 56cm，净腰围 68cm，净臀围 90cm，臀高 19cm，腰围 68cm，臀围 94cm。

[制图要点]

紧身裙基础版如图 6-2 所示。在裙原型基础上，更具体地进一步细化，使用基础版使制图更快捷。将裙原型的前后臀、腰差按图分配到腰省，省尖距 HL 的距离不是固定不变的，省尖距 HL 较近时，裙子较为合体。相反，裙子省尖距 HL 比较远时，裙子相对宽松，可以根据具体情况调整。

下摆 2cm 为裙长至膝围线时的收进量，HL 以下侧缝线角度向中心线一侧收进，角度为 3°，斜度为 20：1。裙开衩止点，可在距臀围线向下 18～20cm，距 KL 10～15cm 选择。即在不过度暴露身体、功能性好、不影响正常活动的范围内确定。

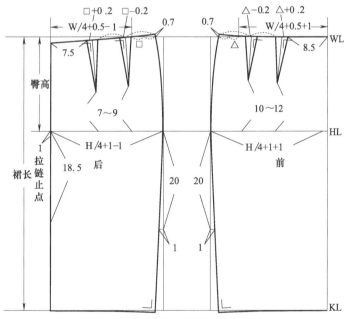

图 6-2　紧身裙基础版（单位：cm）

6.3 西服裙

[款式说明]

西服裙腰、臀合体，下摆通过开衩，增加运动的功能性，是不受年龄限制的一种常见的裙子。

　　[制图尺寸]

　　参考号型：160/68A。裙长 61.5cm，腰围 68cm，臀围 94cm，臀高 19cm。

　　[制图要点]

　　西服裙如图 6-3 所示。

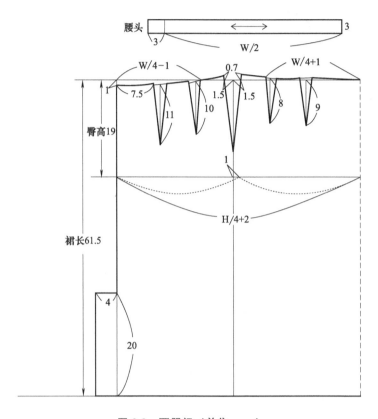

图 6-3　西服裙（单位：cm）

　　西服裙制图时可用紧身裙基础版，根据款式要求改变裙长，前后省位采用固定数，可在视觉上使胖体型显得较瘦，使瘦体型显得较为丰满。

　　按图 6-3 作裙腰与开衩，腰口线作省道校正。

　　其余和紧身裙基础版相同。

6.4　半紧身裙基础版

　　[制图尺寸]

　　参考号型：160/68A。裙长 58.5cm，腰围 68cm，臀围 94cm，臀高 19cm。

　　[制图要点]

　　半紧身裙基础版如图 6-4 所示。

　　半紧身裙基础版，用紧身裙基础版调版，根据造型需要，腰口通常只收一个省，在臀腰

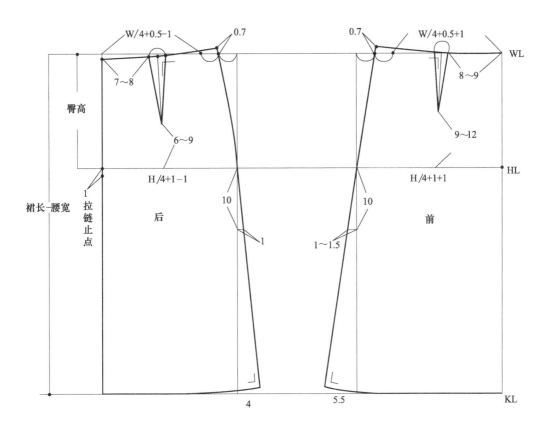

图 6-4 半紧身裙基础版（单位：cm）

差大的情况下，可参照紧身基础版收两个省。

收省量调整为臀腰差的 1/2，腰省位置用定数，和西服裙省位的确定相同。

加大下摆，HL 以下，角度后片为 6°，斜度为 10：1；前片为 8.5°，斜度为 10：（1～1.5），以保证最基本的运动量。

变化裙长时，在侧缝线上截取所需的长度。

6.5 梯形裙

[款式说明]

梯形裙臀围线以上是合体型，下摆摆出量满足人体活动最基本的需要，是最普通的裙子造型。

[制图尺寸]

参考号型：160/68A。裙长 58.5cm，腰围 68cm，臀围 94cm，臀高 19cm。

[制图要点]

梯形裙如图 6-5 所示。梯形裙是半紧身裙基础版的应用，按图 6-5 加作裙腰，进行腰口省省道校正。其余和半紧身裙基础版相同。

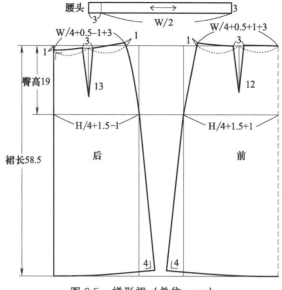

图 6-5　梯形裙（单位：cm）

6.6　低腰、剪接褶裙

[款式说明]

低腰、剪接褶裙，无腰以分割线隐藏省量，形成余克，使得腰部造型干净利落，前后各3个对折的活褶有很好的机能性。

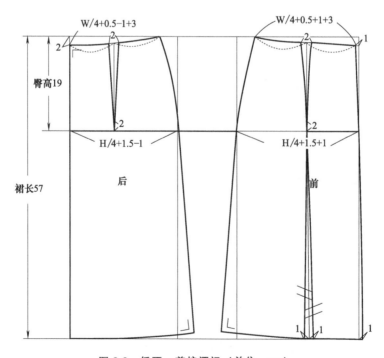

图 6-6　低腰、剪接褶裙（单位：cm）

［制图尺寸］

参考号型：160/68A。裙长 57cm，腰围 72cm，臀围 94cm，臀高 19cm。

［制图要点］

低腰、剪接褶裙如图 6-6 所示。用半紧身裙基础版，重新分配臀腰差，3/5 臀腰差，从侧缝减掉，2/5 作为省量，省量的 1/3 作前中省，剩余的 2/3 作腰省，低腰线从 WL 向下 2cm、省尖位置在臀围线向上 2cm，由省尖分别延长省边形成纵向分割线，平行于腰口按图 6-6 进行横向分割。横向分割合并，修正圆顺。分割线以下，作褶量平移展开，展开褶量后，应做角处理。

6.7　高腰裙

［款式说明］

高腰裙腰部整洁的设计更能衬托身体的优美曲线，适合与短款上衣组合搭配。

［制图尺寸］

参考号型：160/68A。裙长 63cm，腰围 68cm，臀围 94cm，臀高 19cm。

［制图要点］

高腰裙如图 6-7 所示。腰围线以上用紧身裙基础版作为基础，进行调整，前后胸围各减 1cm，腰围不预留放松量（高腰裙腰部要求贴体）。中腰省总省量按（净胸围/2＋4）－净腰围/2 计算。

中腰省总量＝12cm，按图 6-7 分配到各个收省位。

将总省量按图分配到省位（包括后中、侧缝），按图 6-7 做高腰线，腰的高度可按照不同的设计变化。若要设计稍宽松的款式，可根据上身原型做背带裙。WL 以下部分制图方法和半紧身裙基础版方法相同。

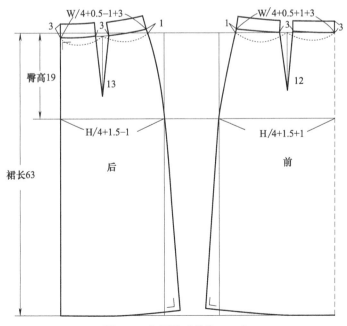

图 6-7　高腰裙（单位：cm）

6.8 双向分割褶裙

[款式说明]

双向分割褶裙通过转省使得腰部和中臀围贴体合身,纵向分割线平行展开产生膨胀的效果。

[制图尺寸]

参考号型：160/68A。裙长 66.5cm,腰围 68cm,臀围 94～126cm,臀高 19cm。

[制图要点]

双向分割褶裙如图 6-8 所示。

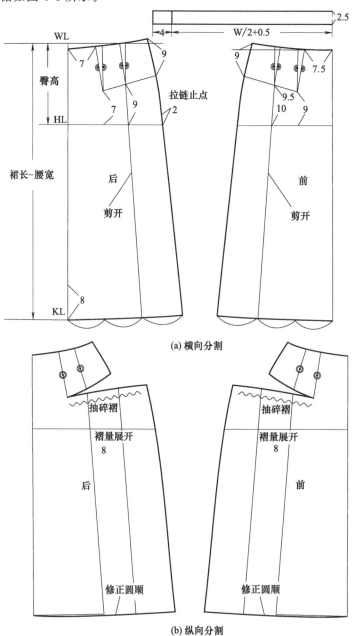

图 6-8 双向分割褶裙 (单位：cm)

用半紧身裙基础版，按图 6-8（a）分配省量，制出两个省，由两个省的省尖连线与侧缝相交，作横向分割线，由两个省的省尖向底摆作纵向分割线。

横向分割线以上省量合并。纵向分割线，平移展开 10cm。合并、展开后可用圆顺的曲线重新连接、修正好，如图 6-8（b）所示。

6.9 多片裙（鱼尾裙）

[款式说明]

多片裙（鱼尾裙）将臀腰差在裙片之间减掉而合体，下摆有鱼尾的造型。

[制图尺寸]

参考号型：160/68A。裙长 78.5cm，腰围 68cm，臀围 94cm，臀高 19cm。

[制图要点]

多片裙如图 6-9 所示。

腰围大＝（净腰围＋2cm 松量）/片数/2

臀围大＝（净臀围＋4cm 松量）/片数/2

多片裙裙片是对称图形，所以仅做一半，另外一半对称，后片腰口线按图修正。裙长和下摆可视需要而定，裙片缝合后腰口按原型腰口线的形状修正好。

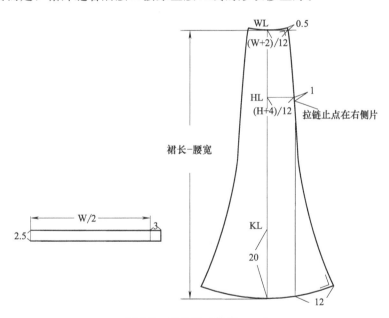

图 6-9 多片裙（单位：cm）

6.10 灯笼裙

[款式说明]

灯笼裙为灯笼形的造型，臀围宽松自由，适合休闲风格的裙子的设计。

[制图尺寸]

参考号型：160/68A。裙长 58.5cm，腰围 68cm，臀围 90cm，臀高 19cm。

［制图要点］

灯笼裙如图 6-10 所示。用裙原型作展开线，按照图 6-10（b）展开褶量，腰部展褶量较大，下摆展褶量较小，但是不得小于半紧身裙原型的下摆，以不影响正常行走为宜。

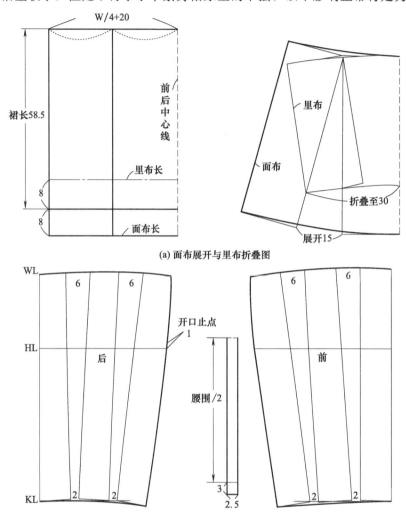

(a) 面布展开与里布折叠图

(b) 灯笼裙裙片褶量展开图

图 6-10 灯笼裙（单位：cm）

6.11 宽摆裙

［款式说明］

宽摆裙也称为斜裙或角度裙，腰部与中臀围比较合体，下摆宽大，在动态时有漂亮的造型，适合用垂感的柔软面料。

［制图尺寸］

参考号型：160/68A。裙长 63cm，腰围 68cm，臀高 19cm。

［制图要点］

宽摆裙如图 6-11 所示。用半紧身裙基础版，按图 6-11 放大下摆，作展开线。剪开展开线到省尖为止，合并省量，使得下摆自然展开，通过改变省的长度，改变下摆的大小，以此方法能够准确控制裙摆的尺寸做不同角度的斜裙。

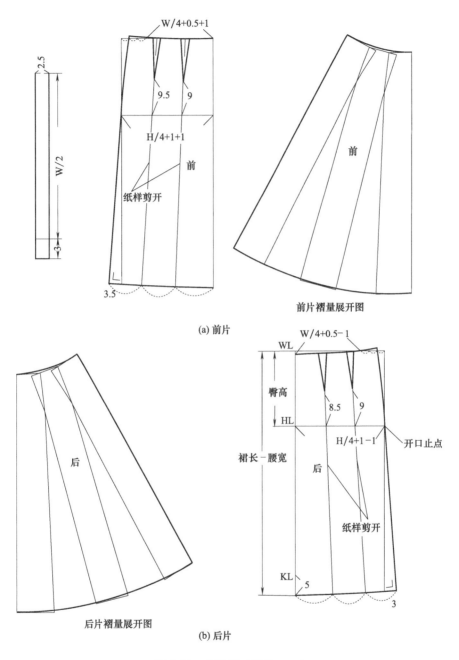

图 6-11　宽摆裙（单位：cm）

宽摆裙适于做斜裙，斜裙前后中心线要对准 45°布纹，面料纱向在 45°时容易产生变形，裁剪前应充分了解面料的特点，为防止面料悬垂后宽度变小、长度变长，裁剪时宽度缝边应加大一些，长度稍小一些，将裙片固定人台上放一段时间，使面料充分伸长后再确定尺寸，重新修正好裙片。

排料：参照宽摆裙排料参考图（图 6-12）。

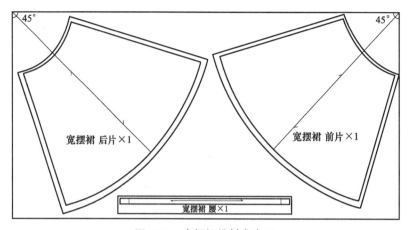

图 6-12 宽摆裙排料参考图

7 裤子制版

裤子是较为复杂的包裹人体下半身的服装,与裙子相比,裤子的结构相对复杂,裤子比裙子更能够表现体形,而且裤子的功能性好,方便运动。

裤子的种类较多,款式千变万化,进行裤子结构制图时,同样也应以人体为本,确定裤子的基本结构中每一个图元的依据,方可化繁为简,掌握裤子结构变化的规律。

7.1 裤子结构设计制图

不同类型的裤子结构却有共同的特点,故以比较严谨的男西裤(基本型)制图为例,从裤子与人体控制部位尺寸的大小及位置关系开始详细地进行分析并制图。

[款式说明]

男西裤(基本型)款式图如图7-1所示。此款男西裤裤型是自然裤型,前面两个活褶,后面两个省,臀围的松量较大,穿着较为舒适,裤口相对较小,给人干净利落的感觉,适用于不同年龄、不同场合。

[制图尺寸]

参考号型:170/74A。腰围高102.5cm,净腰围74cm,净臀围90cm,股长27.5cm,裤长102.5cm,腰围78cm,臀围102cm,裤口21cm。

[制图要点]

男西裤(基本型)款式图、结构图、部件与零料结构图、纸样分别如图7-2~图7-4所示。

(1)长度:裤长=腰围高±离腰尺寸±离开脚底的尺寸。

※离腰尺寸为腰头上口离开WL的距离,向上为正(+),向下为负(-)。

※离开脚底尺寸为裤口离开脚底的距离,向上为负(-),向下为正(+)。

例如:男西裤的腰头上口向上离开WL 1cm,裤口向上距离脚底1cm,男西裤裤长为腰围高+1cm-1cm=腰围高。

(2)立裆深:是由股长尺寸决定的。

立裆深的计算方法是:立裆深=股长尺寸±离腰尺寸-腰宽。

立裆深是裤子的尺寸,欲做好各种款式和满足不同体形人群的裤子,需从它与人体的对应部位股长尺寸的位置关系来确定。

注:股长也称为股上(是人体腰围最细处坐量至凳面的长度),是立裆的参数,也是立

裆变化的依据。

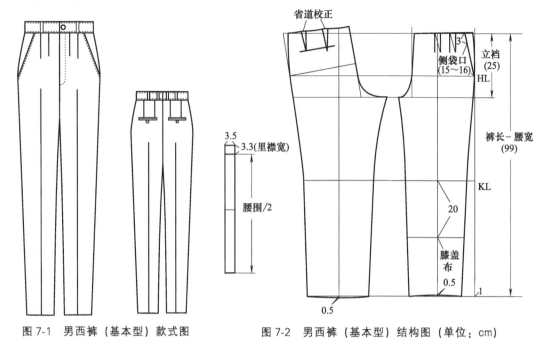

图 7-1 男西裤（基本型）款式图　　　图 7-2 男西裤（基本型）结构图（单位：cm）

图 7-3 男西裤（基本型）部件与零料结构图（单位：cm）

股长尺寸对于保证裤子的合体性非常重要，因此，制版时最好要实际测量。

在不能实际测量或不能确保测量准确时，用身高和净臀围两个控制部位数值计算，因为股长尺寸与身高和净臀围均相关。男裤股长＝0.1×身高＋0.1×净臀围＋(1.5～2)cm。

（3）围度：臀围和臀围松量的分配，男西裤臀围加松量共加 12cm，其中后片臀围松量 4cm，前片臀围松量 2cm。

※后片臀围松量是人体运动时的松量，一般在 2～4cm，臀围变化时，主要是增减前片臀围松量。

前片腰围＝腰围/4－1cm。

后片腰围＝腰围/4＋1cm。

按图 7-2～图 7-4 得出腰省量，将腰省量按比例分配到每个省。

（4）宽度：小裆宽＝臀围/20－0.5cm；大裆宽：臀围/10。

小裆宽＋大裆宽相对的是下体的厚度。上述参数是针对普通体形和款式。厚体形要测量人体通裆尺寸，做对比后有不符合的应进行调整。

（5）裤口：裤口是裤口围/2。裤口/2－1cm，是前裤口的一半，后裤口比前裤口大 4cm。

裤口的大小由裤型决定，普通西裤裤口尺寸可用脚踝围/2 计算。

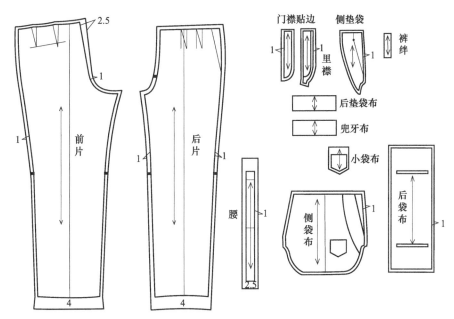

图 7-4 男西裤（基本型）纸样（单位：cm）

（6）膝围：在小裆宽中点与裤口线两点连线，与膝围线的交点定膝围宽，为自然裤型。

膝围最小应不小于膝关节弯曲时一周的尺寸，膝围配合裤口大小和臀围松量的变化而变化出不同的裤型。

※后裆斜线是为了符合人体运动方向，增加运动功能而设计的，男西裤后裆斜度为 8°～10°，后翘的大小和后裆斜度的大小成正比变化，后翘高要确保在后裆缝缝合后，腰口线不要出现明显的凹凸，使腰口线和后裆斜线之间夹角等于或略小于 90°。此外，后裆斜线要依照不同的体形进行调整，臀高时，斜度要加大；平臀时，斜度要减小。

男西裤结构完成后，配好里料、零料与部件。

做后片腰省，省道校正。

裤口线前凹后凸是高裆裤子裤口的处理。膝盖布距膝围线 20cm，按图 7-2～图 7-4 制前门襟贴一边、里襟、绊带和口袋布。

男西裤加缝边：结构图是净份，要加缝制时的缝边与折边。

（7）前片：裤口缝头方式为对称缝边宽度4cm，小裆缝头采用直角缝边，其他全部为普通缝边宽度为1cm。膝盖布四周轮廓线加1.5cm缝边。

（8）后片：裤口和前片相同，大裆缝头方式是直角缝边，后裆斜线臀围线至腰口线为过渡缝边，宽度1cm，过渡到2.5cm。

腰面根据不同的加工工艺加放缝边。

（9）排料：参照男西裤（基本型）排料参考图（图7-5）。

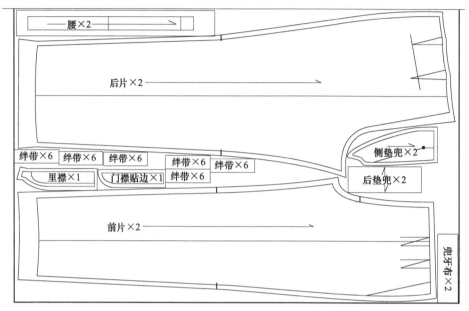

图7-5　男西裤（基本型）排料参考图

7.2　男西裤（变化型）

[款式说明]

男西裤（筒形）款式图如图7-6所示。此款裤子比基本型立裆略短，臀腰差比较小，前片设一个活褶，后片单省，裤口相对较大，裤形呈直筒造型。

[制图尺寸]

参考号型：170/74A。净臀围90cm，裤长101.5cm，腰围80cm，臀围98cm，股长27.5cm，裤口25cm。

[制图要点]

男西裤（筒形）结构图如图7-7所示。

（1）腰口线由WL向下落3.5cm。

（2）臀围松量的分配：臀围松量共8cm，分配前片1cm，后片3cm（也可将臀围松量增加到10cm，后片3cm，前片松量2cm）。

（3）前片腰、前中和侧缝各收进1cm，余下量做省。

（4）后边臀腰差的2/5从侧缝腰口减掉，余下2/3做省量。

（5）其余方法参照图7-2男西裤（基本型）结构图。

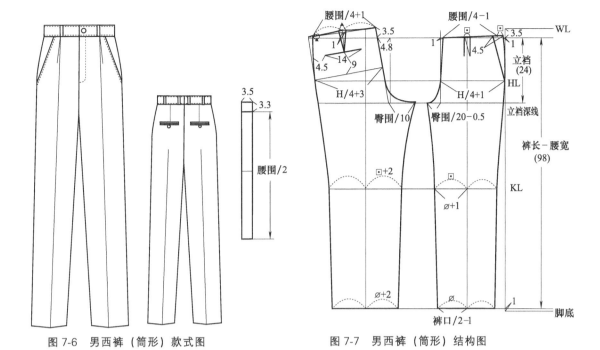

图 7-6　男西裤（筒形）款式图　　　　图 7-7　男西裤（筒形）结构图

7.3　男无省裤

［款式说明］

男无省裤款式图如图 7-8 所示。

这一款无省裤通过省量转移，符合体形，前片将转移的省量隐藏在兜口，后片通过分割叠缩省量，整体造型合身贴体。

［制图尺寸］

参考号型：170/74A。净臀围 90cm，裤长 100.5cm，腰围 82cm，臀围 94cm，股长 27.5cm，裤口 18cm。

［制图要点］

男无省裤结构图如图 7-9 所示。

（1）腰口线从 WL 向下落 4.5cm，减小立裆，加大腰围，缩小臀腰差。

（2）臀围松量共 4cm，后片分配 2cm，前片不放，分配 0cm。

（3）前片在侧垫袋布做省，转移至袋口，前中和侧缝的收进量加大，剩余量缝缩。

（4）后片加入分割线，将省量叠缩，转移。

其余制图方法和图 7-2 男西裤（基本型）结构图方法相同。

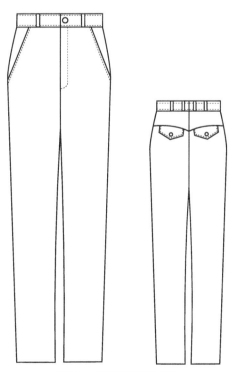

图 7-8　男无省裤款式图

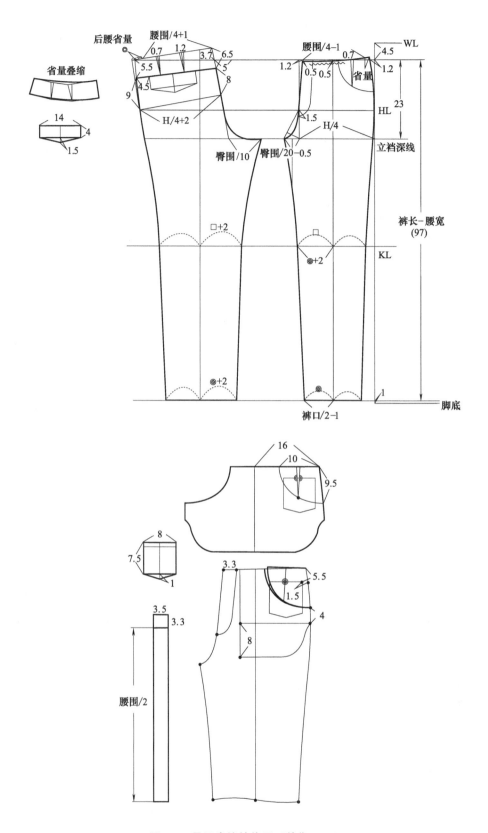

图 7-9　男无省裤结构图（单位：cm）

7.4 女西裤

［款式说明］

女西裤款式图如图 7-10 所示。这款女西裤前面两个活褶，后面两个省，臀围松量 8cm，较为舒适合身，整体为自然裤形。

［制图尺寸］

参考号型：160/68A。腰围高 98cm，净腰围 68cm，净臀围 90cm，股长 27.5cm，裤长 98cm，腰围 70cm，臀围 98cm，裤口 20cm。

［制图要点］

女西裤结构图如图 7-11 所示，女西裤省道校正及兜布、膝盖布如图 7-12 所示。

女西裤制图以基本型制图为例。女裤结构制图参照男裤制图方法，区别如下。

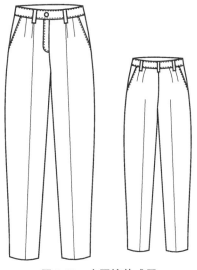

图 7-10　女西裤款式图

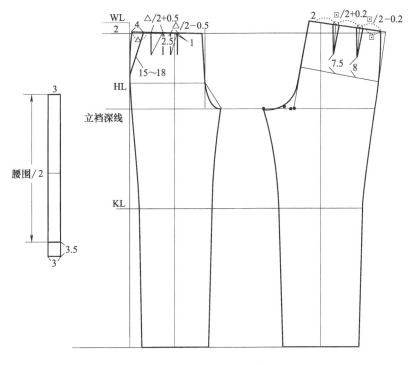

图 7-11　女西裤结构图（单位：cm）

（1）裤片制图方向相反，一般女裤前门襟在右边，男裤前门襟在左边。

（2）女裤臀围松量比男裤小，女西裤臀围松量 8cm，分配前片每片为 1cm，后片每片为 3cm，立裆为股长－2cm。

（3）小裆宽：女裤比男裤小。女裤小裆宽＝臀围/20－1cm，男裤小裆宽＝臀围/20－0.5cm。

（4）女裤股长尺寸相对于男裤较大，因为股长的大小与净臀围有相关性。

※股上尺寸（人体腰围最细处坐量至凳面）是立裆的参数，也是立裆变化的依据。

股上尺寸对于保证裤子的合体性非常重要，因此，制版时最好要实际测量，在不能实际测量或无法保证测量准确时，以身高和净臀围作为参数计算：

女裤股长＝0.1×身高＋0.1×净臀围＋（2.5～3）cm。

（5）女西裤后裆斜度为 10°～12°。

（6）女裤开门止点比男裤开门止点高，好穿即可。

（7）女裤的裤长与男裤的计算方法相同，还应考虑到与裤子配套的鞋，根据具体款式增加裤长或穿鞋测量裤长之后减去离地尺寸。

其他制图方法与变化规律与男裤相同。

请参照 7.1 部分带有※的制图要点，是变化的方法和依据。做腰口线后纸样要省道校正。配好里料、零料和部件。

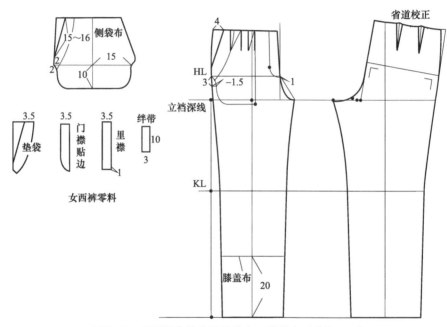

图 7-12　女西裤省道校正及兜布、膝盖布（单位：cm）

7.5　女西裤的变化型

[款式说明]

本款是女西裤的变化型，臀围松量相对较小，脚口比较大，为直筒型。

[制图尺寸]

参考号型：160/68A。裤长 97cm，腰围 70cm，股长 27.5cm，净臀围 90cm，臀围 96cm，裤口 22cm。

[制图要点]

直筒裤如图 7-13 所示。

为符合造型，臀围减小，裤口加大，按图调整膝围宽与裤口等宽，立裆减小。

　　臀围松量为 6cm，分配前片 1cm，后片 2cm，立裆为股长－3cm。其他制图方法和女西裤（基本型）相同。

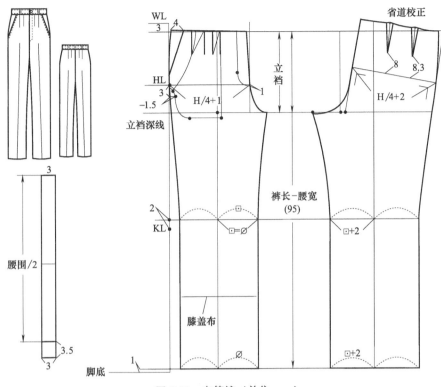

图 7-13　直筒裤（单位：cm）

7.6　女无省裤

7.6.1　锥形无省裤

[款式说明]

　　锥形无省裤款式图如图 7-14 所示。此款无省裤为紧身造型，臀围仅有 4cm 松量，全部分配在后片，裤口较小，整体造型呈锥形，适合用稍有弹力的中厚面料，是年轻人喜欢的款式。

[制图尺寸]

　　参考号型：160/68A。裤长 96cm，腰围 70cm，净臀围 90cm，裤口 16cm，股长 27.5cm，臀围 94cm。

[制图要点]

　　锥形无省裤结构图如图 7-15 所示。裤腰与裤片整体制图，由 WL 向下 1cm 作裤腰宽 3.5cm，臀围共加 4cm 放松量，全部加在后片，前片臀围不加松量，缩小前片臀腰差，使得前腰省小于 1.5cm，在兜口减掉 0.8～1cm，剩下余量缝缩。

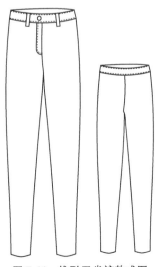

图 7-14　锥形无省裤款式图

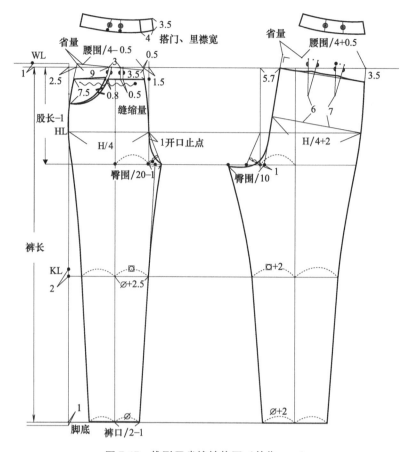

图 7-15 锥形无省裤结构图（单位：cm）

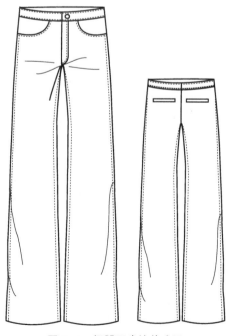

图 7-16 阔腿无省裤款式图

腰平移复制出来后，将省量合并修正圆顺。其余结构参照图 7-11，方法是相同的。

7.6.2 阔腿无省裤

[款式说明]

阔腿无省裤款式图如图 7-16 所示。立裆线以上与锥形无省裤相同，通过调整膝围与裤口改为阔腿造型。

[制图尺寸]

参考号型：160/68A。裤长 96cm，腰围 70cm，净臀围 90cm，裤口 24cm，股长 27.5cm，臀围 94cm。

[制图要点]

阔腿无省裤结构图如图 7-17 所示。用锥形无省裤改变裤口、膝围即成为阔腿裤，阔腿裤的裤口可以视个人爱好而定。

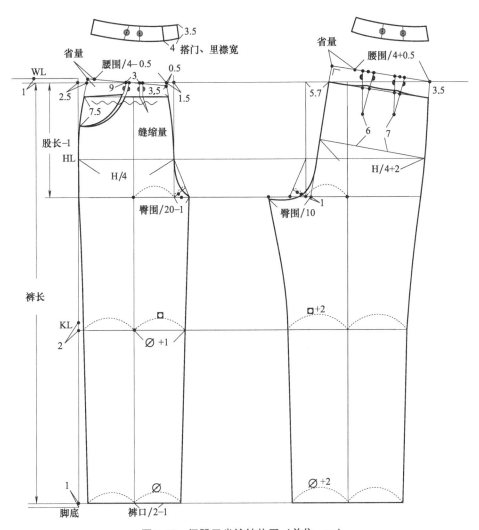

图 7-17 阔腿无省裤结构图（单位：cm）

7.7 裙裤

[款式说明]

裙裤既有裙子飘逸优美的造型，又有裤子的功能性。

[制图尺寸]

参考号型：160/68A。裙裤长 58.5cm，净臀围 90cm，腰围 68cm，臀围 96cm，股长 27.5cm。

[制图要点]

裙裤如图 7-18 所示。裙裤 HL 以上用半紧身裙基础版制图，根据图 7-18 修改，作后裆斜线，在腰口后中收进 2cm，前中收进 1cm 作撇腹线，臀围放松量应前、后片平均分配，前、后臀围等大，即 H/4＋(1~1.5cm)，距 WL 取股长尺寸＋(2~3cm) 作立裆线。加前、后裆宽，下摆根据造型摆出。

裙裤的变化丰富多彩，裙子与裤子的变化方法大多数都适用于裙裤。

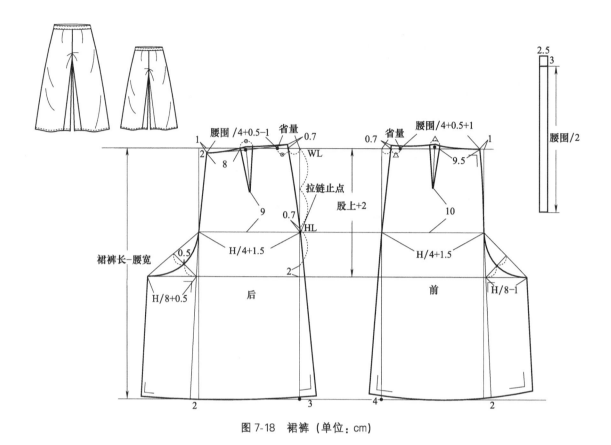

图 7-18 裙裤（单位：cm）

8

男装原型

　　男装原型本着以人体为本，是为符合人体基本穿衣需求，加入最基本的放松量，没有款式特点，而且以应用、变化方便为目的进行设计。原型不是某一件衣服的样板，是所有上衣制版的基础。

　　男装原型，控制部位尺寸符合国标《服装号型 男子》（GB/T 1335.1—2008），本书男装制图规格采用男体型中的中间体号型 170/88A 的尺寸制图。

8.1　男装上身原型

[制图尺寸]

　　净胸围 88cm（型），背长 42.5cm（颈椎点高－腰围高），领围 40.8cm（颈围＋4cm＝颈根围），颈根围作为原型领围，总肩宽 43.6cm。

[制图要点]

　　作基础线，如图 8-1 所示。

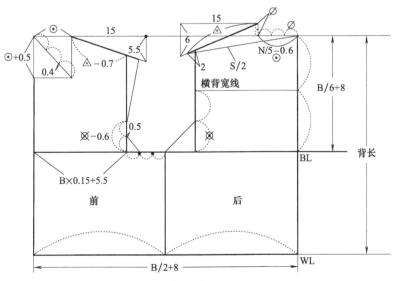

图 8-1　基础线（单位：cm）

(1) 作矩形　矩形高＝背长（42.5cm）。

矩形宽＝身宽＝净胸围/2＋8cm（松量）＝52cm。

(2) 领口　原型领口以领围作为计算参数。

后领宽＝领围/5－0.6cm＝7.6cm。

后领深＝后领宽/3cm＝2.5cm。

前领宽＝后领宽＋0.5cm＝8.1cm。

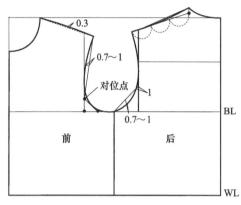

图 8-2　轮廓线（单位：cm）

(3) 肩部　原型肩斜角是人体自然肩斜，平均肩斜 21°。

后肩斜角 22°（直角边边长比为 15：6）。

前肩斜角 20°（直角边边长比为 15：5.5）。

肩宽＝总肩宽/2＝21.8cm。

后背宽：总肩宽/2－2cm（冲肩量）＝19.8cm。由后 SP 点在小肩线上取 2cm（冲肩量）定点，作垂线交于 BL，交点至背长线的距离为后背宽。

前胸宽＝净胸围×0.15＋5.5cm＝18.7cm。

袖窿深＝净胸围/6＋8cm＝22.7cm。

作轮廓线，如图 8-2 所示。

按图比例分配线段定参考点，画圆顺前后领弧线、小肩弧线和袖窿弧线。

8.2　男装上身原型配合体一片袖

[制图尺寸]

袖长：58cm（全臂长 55.5cm＋2.5cm），AH 为 46cm（由原型袖窿弧测量可得）。

袖口：26cm（手掌围 25cm＋1cm）。

[制图要点]

男装上身原型配合体一片袖如图 8-3 所示。

(1) 作水平基础线。

(2) 作袖山高线＝AH/4＋1.5cm。

(3) 作前袖山斜线，自袖山顶点起，在水平基础线上，斜取 AH/2－（0.5～1cm）定 a 点。

(4) 作袖长线，由袖山顶点向下垂直定袖长，向前偏移 2cm，角度为 2°～3°（因为人体手臂是向前弯曲的。这是合体型袖子的特点，同时也符合手臂运动的方向），按图 8-3 制袖长线。

(5) 作袖口水平线＝袖口/2，定 b 点。按图 8-3 连接 a、b 两点，以袖长线为对称直线，对称后获得后袖的 a′、b′点。

(6) 按图画袖轮廓线。

(7) 分段核对袖吃量（收缩量），衣身身宽中点

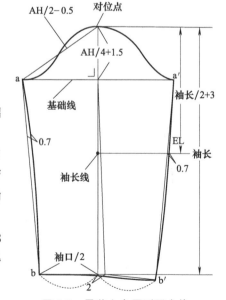

图 8-3　男装上身原型配合体
一片袖（单位：cm）

向前移 1cm 平衡袖窿，保持前 AH 不大于后 AH。测量袖山弧和袖窿弧线，得出差量，按前后袖窿弧分配吃量，前袖窿弧吃量应略小于后袖窿弧吃量，由 a 点起顺袖山弧线量前袖窿弧长＋前袖山弧收缩量，定上袖对位点。

※男装上身原型的一片袖，袖肥仅保持最基本的松量。应用时，应根据款式、面料和加工工艺的具体情况和要求，通过对袖山坡线的取值的调整，达到袖山弧收缩量符合工艺的要求，通过对袖山高的调整袖肥。参见袖山高、袖宽、袖山弧之间的关系进行调整。

8.3 男西服基型

男西服基型由上身原型调整如下 4 项，如图 8-4 所示。

（1）前中心点提高 1cm（0.5～1cm）胸衬厚份，按图 8-4 与其相关的图元联动。

（2）加撤胸量，男西服基型前领宽＝后领宽＋1.5cm 撤胸量。

（3）颈点移位，后 SNP 点沿着小肩弧线开宽 1cm，前 SNP 同时与其等量开宽。BNP 点下落 0.5cm。

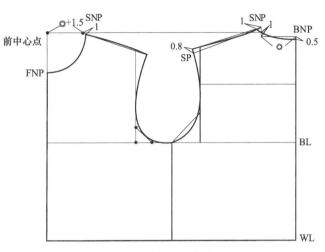

图 8-4 男西服基型（单位：cm）

（4）肩点移位，后 SP 点，提高 0.8cm（0.5～1cm）肩垫的厚份。

男西服基型是在工艺制作时加胸衬与肩垫衣服的基础。

8.4 男西服基型配两片袖（袖窿配袖）

[制图尺寸]

袖长 60cm（全臂长＋4.5cm），袖窿弧（AH）48cm（测量衣身袖窿弧得到），袖口 14cm（掌围/2＋1.5cm）。

※两片袖一般称袖口围/2 为袖口。

[制图要点]

男西服基型配两片袖如图 8-5 所示。

在衣身袖窿弧基础上配袖，这样能够直观地理解袖子与袖窿之间的位置关系和缝合曲线的吻合程度。

（1）按图 8-5 将衣身袖窿弧分为 AB、BC、CD、DE 共 4 段弧线。

（2）定袖山高＝AH/3，作袖上平线。

（3）按图 8-5 以原型横背宽线至 BL 距离为参考距离定袖外袖缝高度。

（4）由前上袖对位点向下作垂线，作袖肥中线。

（5）按图 8-5 由前上袖对位点截取 AB 弧长＋0.2cm 交于上平线，连续截取 DE 弧长＋0.3cm 交于横背宽线，然后由 C 点截取 CD 弧长＋0.6cm，交于横背宽线，线段 a＝AB 弧长＋0.2cm，线段 b＝DE 弧长＋0.3cm，线段 c＝CD 弧长＋0.6cm。

（6）由袖山高顶点向袖肥中线，斜取袖长定点，作袖长线，垂直于袖长线定袖口。

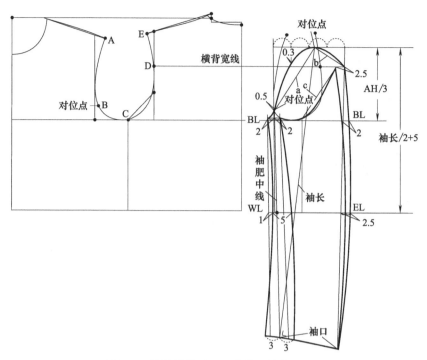

图 8-5　男西服基型配两片袖（单位：cm）

（7）距袖肥中线 2cm 左右（一般在 1.5～2.5cm），分别向两边作平行线，得到大袖与小袖的前袖缝基础线。按图 8-5 标注的参考图元画圆顺袖轮廓线。

（8）分段核对袖山弧吃量（袖山弧收缩量），一般总收缩量在 3cm 左右（要根据不同的面料及加工工艺进行调整），确定袖山对位点。

袖山高、袖肥、袖山弧之间的关系和调整方法如下。

减袖山高，可使袖子加肥。相对的，加袖山高，可使袖子变瘦。

衣身袖窿弧 AB、BC、CD、DE 4 段弧线和袖山弧是对应的。

袖子的线段 a＝AB 弧长＋0.2cm（变量），线段 b＝DE 弧长＋0.5cm（变量），线段 c＝CD 弧长＋0.7cm（变量），其中 BC 弧长，衣身袖窿弧和袖山弧线基本相等。其他三组后面所加的变量是调节袖山弧吃量，应根据不同的面料和加工工艺进行调整，同时袖肥也联动改变，要保持整体结构的平衡。

男西服基型与袖的衣身、袖窿和袖肥是半紧身西服的松量。休闲宽松类西服应根据具体情况加放松量，衣身对位点应随袖窿的变化比例协调一致。

9
童装原型

主要介绍身高 80～130cm 的儿童原型、身高 135～155cm 的女童原型、身高 135～160cm 的男童原型。本书童装原型尺寸符合国标《服装号型 儿童》(GB/T 1335.3—2009)。

9.1　身高 80～130cm 的儿童原型

身高 80～130cm 的儿童原型,参考年龄为 1～8 岁,男、女共用。

[制图尺寸]

以参考号型 110/56,参考年龄 5～6 岁的尺寸为例制图。

净胸围 56cm,背长 26.5cm,总肩宽 28cm,领围＝颈围＋4＝29.8cm,袖长＝全臂长＋2＝36cm。

[制图要点]

儿童原型结构图如图 9-1 所示。

儿童衣身原型基础线如图 9-1 (a) 所示。

(1) 作矩形:矩形宽＝净胸围/2＋7cm (松量)＝35cm,矩形高＝背长 26.5cm。

(2) 领围 (原型领口)＝颈围＋4cm (松量)＝29.8cm。

后领宽＝领围/5－0.5cm＝5.5cm。

后领深＝后领宽/3＝1.8cm。

前领宽＝后领宽＝5.5cm。

前领深＝后领宽＋0.5cm＝6cm。

(3) 肩部:后肩斜角 19°直角边的边长比为 10∶3.4,前肩斜角 21°直角边的边长比为 10∶3.8。

原型肩宽＝总肩宽/2＋0.7cm (预留后肩省中段省量)＝14.7cm。

前片小肩宽＝后片小肩宽－1cm (预留后肩省量)。

(4) 袖窿深:由颈围后中心点 (BNP) 向下测量净胸围/4＋0.5cm＝14.5cm,定点,画胸围线。

(5) 后背宽,由后 SP 点在小肩线上取 1.5cm (冲肩量) 定点,作垂线交 BL 线交点至背长线的距离为后背宽。

(6) 前胸宽＝后背宽－0.8cm＝12.4cm。

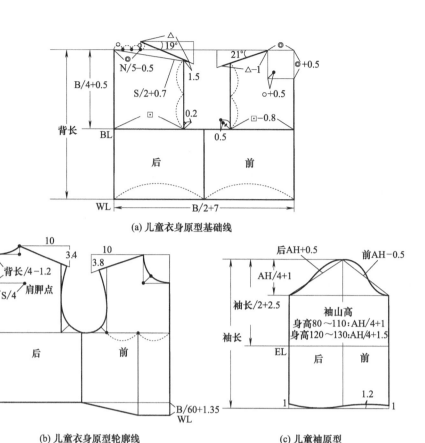

(a) 儿童衣身原型基础线

(b) 儿童衣身原型轮廓线

(c) 儿童袖原型

图 9-1 儿童原型结构图 (单位: cm)

(7) 作侧缝线: 由胸围线中点向下作垂线。

(8) 由胸宽中点向 WL 作垂线。

为方便制图设置肩胛点, 作为设置肩省或做分割线时的参考点。

儿童衣身原型轮廓线如图 9-1 (b) 所示。

由前中心线向下延长, 作腹部凸量＝净胸围/60＋1.35cm＝2.3cm。

按图 9-1 (b) 作比例线段, 定参考点, 经参考点画出圆顺领弧线、袖窿弧线、封闭原型轮廓线。

儿童袖原型如图 9-1 (c) 所示。

号型较小时, 袖山高相对较低; 号型较大时, 袖山高相对较高。

身高 80～100cm 的袖山高＝AH/4＋1cm。

身高 110～130cm 的袖山高＝AH/4＋1.5cm。

其他参见袖原型制图方法。

身高 80～130cm 的儿童原型结构制图和女装原型结构制图比较接近, 不同点如下。

(1) 前 SNP 点和后 BNP 点水平等高。

(2) 胸围松量较大, 为 14cm。

(3) 袖窿深＝B/4＋0.5cm。

(4) 冲肩量＝1.5cm。

(5) 儿童侧缝线为垂直线前后侧缝差 (腹部凸量) 为 B/60＋1.35cm, 是为符合儿童腹部较为丰满的体型特征而设置。

（6）儿童原型不设胸点，由胸宽中点向 WL 作垂线，作为胸点参考线。

童装原型的定位方法和女装是相同的原理，根据不同的体型及不同的服装款式进行定位。

9.2 身高 135~155cm 的女童原型

身高 135~155cm 的女童上装原型（参考年龄段为 9~14 岁），以参考号型 145/68（参考年龄为 11~12 岁）尺寸制图。

这一阶段女童原型介于女装原型与儿童原型之间，与女装原型更接近，又未完全脱离儿童原型特点。

［制图尺寸］

参考号型：145/68。净胸围 68cm，背长 34cm，肩宽 36.2cm，领围 35cm（颈围＋5cm），袖长 48.5cm（全臂长＋2.5cm）。

［制图要点］

女童衣身原型如图 9-2（a）所示。

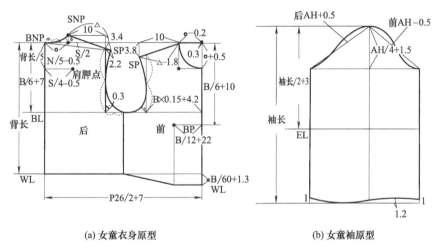

(a) 女童衣身原型　　　　(b) 女童袖原型

图 9-2　女童原型结构图（单位：cm）

身宽＝净胸围/2＋7cm，胸围松量和儿童原型松量相同。

肩部：原型肩宽＝肩宽/2，与女原型和儿童原型不同的是肩宽没有另加预留肩省量。

领口：前侧颈点（SNP 点），低于颈围后中心点（BNP 点）0.3cm（在女装原型和儿童原型之间）。

前、后侧缝差：B/60＋1.3cm。

凸点：胸点（BP 点）间距的计算和女装相同，胸点高的计算较女装提高 1cm，肩胛点的设置主要为了在应用时确定后背省位并做分割线作为参考点。

其余制图细节参照女装与儿童原型制图方法。

女童袖原型如图 9-2（b）所示。

袖山高＝AH/4＋1.5cm，其他参见儿童袖原型制图方法。

9.3 身高 135～160cm 的男童原型

身高 135～160cm 的男童衣身原型（参考年龄为 9～14 岁）。以参考号型 145/68（参考年龄为 11～12 岁）尺寸制图。

[制图尺寸]

净胸围 68cm，背长 36cm，肩宽 37cm，领围 35.5cm（颈围＋4cm），袖长 50cm（全臂长＋2.5cm），袖口 24cm（掌围＋3cm）。

[制图要点]

男童原型制图和男装原型制图方法相同，根据男童体型特点，对下列参数进行修改和调整。如图 9-3（a）所示。

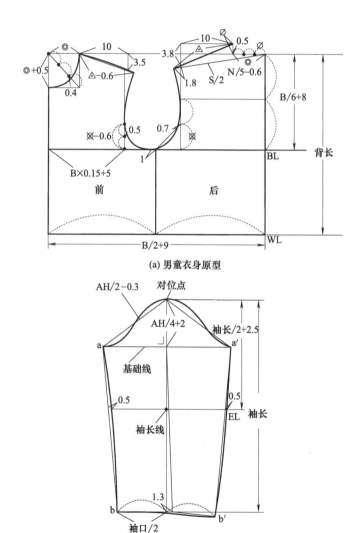

(a) 男童衣身原型

(b) 男童袖原型

图 9-3 男童原型结构图（单位：cm）

（1）原型身宽（矩形宽）＝净胸围/2＋9cm（松量）。

（2）后肩斜角 21°（直角边边长比为 10∶3.5），前肩斜角 19°（直角边边长比为 10∶3.8）。

（3）调前中心线上端点使得原型前 SNP 点高于 BNP 点 0.5cm。

（4）前胸宽＝净胸围×0.15＋5cm 或后背宽－1cm 定前胸宽。

其余制图方法参照男装上身原型，制图方法相同。

男童袖原型如图 9-3（b）所示。

男童原型配合体一片袖，制图方法参见男装上身原型配合体一片袖，制图方法相同。

9.4　身高 135～160cm 的男童西服基型

［制图要点］

男童西服基型如图 9-4 所示。男童西服基型是由男童原型调版获得。调整以下 4 项。

（1）基型前中心上端点在原型基础上再提高 0.5cm（胸衬厚份），使基型 SNP 点高于 BNP 点 1cm。领口与其相关图元联动。

（2）加撇胸：基型前领宽＝后领宽＋1cm（相当于转撇胸 3°）。

（3）颈点移动：后 SNP 点沿着小肩弧线向肩端点方向移动 0.5～0.7cm，前 SNP 点与其联动，并移动相同的量，BNP 向下落 0.3cm 以确定基型领点，调整圆顺基型后领弧线。

（4）后肩斜提高：后 SP 点提高约 0.5cm（相当于后肩斜线顺时针旋转 2°，肩垫的厚份）。

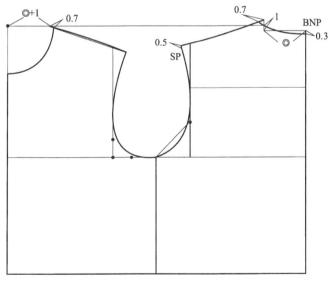

图 9-4　男童西服基型（单位：cm）

10 女装制版实例

10.1 普通女衬衫

[款式说明]

普通女衬衫款式图如图 10-1 所示。这一款普通女衬衫，前、后衣片没有过多的省道和分割，仅设前身侧缝省和后背肩省两处基础省，使衣身和肩部合体且舒适，平方领可关、开两用，实用方便，门襟贴边连折，减少搭门厚重感的同时又简化做工、节省用料。结构简洁大方，是不同年龄段都适合的款式。

[制图尺寸]

参考号型：160/84A。衣长 63cm，胸围 94cm，肩宽 39.4cm，袖长 57cm，袖口 21cm，领口 38cm。

[制图要点]

普通女衬衫结构图和纸样分别如图 10-2、图 10-3 所示。

衣身：前片原型 WL 低于后片 WL 0.5～1cm 定位，前、后侧缝差作为省量。

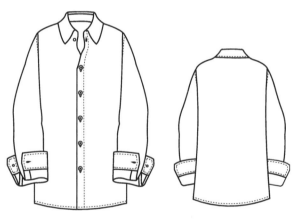

图 10-1　普通女衬衫款式图

后设肩省，肩端点下落 0.5cm，胸围线下落 0.5～1cm 开深袖窿。

领子：按图 10-2（a）直角线向上取，翻领宽（4.5cm）－底领宽（3cm）+2cm＝3.5cm。

领子制图参见普通两用领。

袖子：用袖原型，按图 10-2，袖长－袖头宽 2.5cm，作袖长线（上袖头的衬衫袖一般比不上袖头的袖子长 1～2cm，也可根据款式而定）。在后袖宽中点作袖开口，按图制作袖头，袖头长等于袖口+2cm（搭门宽）。

结构图完成后，开省线要做省道校正（凡是有省的位置，均要做省道校正，以保证省道缝合后开省线不会凹进）。

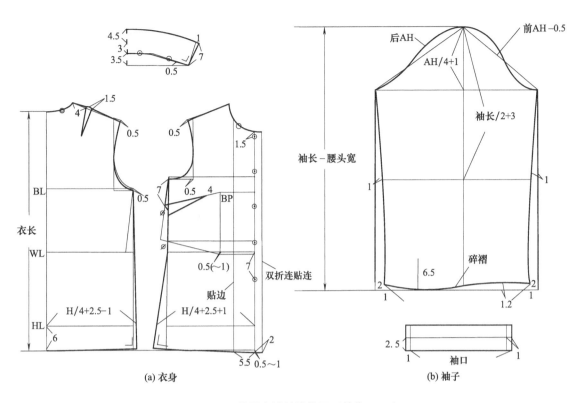

图 10-2　普通女衬衫结构图（单位：cm）

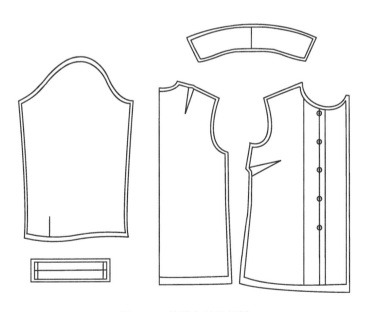

图 10-3　普通女衬衫纸样

普通女衬衫衣片加缝边：后中缝为双折线不加缝边。底摆折边是 2.5cm，其他全部 1cm 缝边。

排料：参照普通女衬衫排料参考图（图 10-4）。

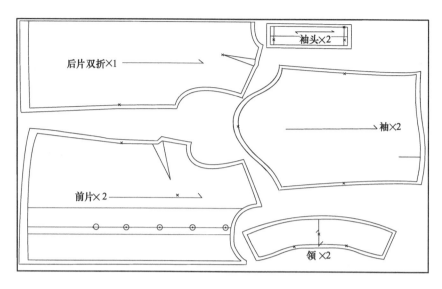

图 10-4　普通女衬衫排料参考图

10.2　过肩女衬衫

［款式说明］

　　过肩女衬衫款式图如图 10-5 所示。过肩女衬衫领子和袖头、袖衩是仿男衬衫款式，过肩的分割将后肩省由袖窿转出，小胸兜的设计刚好盖住腋下省与中腰省的省尖，显得自然干净，并与男式领相呼应。圆翘和相对宽松的下摆更彰显收腰效果，这款衬衫既具有男性风格，又充满女性魅力。

［制图尺寸］

　　参 考 号 型：160/84A。衣 长 64cm，胸围 94cm，肩宽 39.4cm，袖长 56cm，袖口 21cm，领口 37cm。

［制图要点］

　　过肩女衬衫结构图如图 10-6 所示。

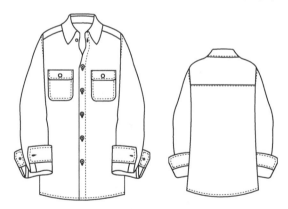

图 10-5　过肩女衬衫款式图

过肩女衬衫与普通女衬衫的主要不同点如下。

（1）领围前中心点由 FNP 点下落 0.5cm。

（2）前后肩分割后组成过肩。

（3）加中腰省收腰。

（4）下摆改为圆翘。

（5）领子制图与衬衫领方法相同。

（6）袖子制图参照衬衫袖制图方法。

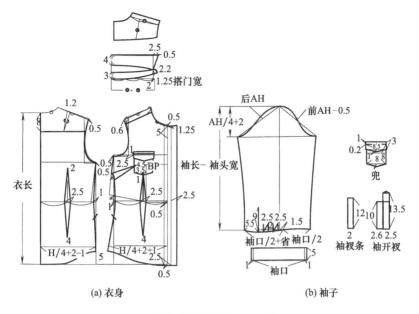

图 10-6 过肩女衬衫结构图 (单位: cm)

10.3 平领泡泡袖女衬衫

[款式说明]

平领泡泡袖女衬衫款式图如图 10-7 所示。泡泡袖女衬衫前身采用分割线把腋下省转移到袖窿,后片与前身配合以通省使衣身合体,肩部收进,收进的量以泡泡袖的泡泡空间代替,使肩部没有束缚感。配合平领,显得漂亮可爱。

[制图尺寸]

参考号型: 160/84A。衣长 58cm,胸围 92cm,肩宽 33.4cm,袖长 57cm,袖口 21cm,领口 38cm。

图 10-7 平领泡泡袖女衬衫款式图

[制图要点]

如图 10-8 所示。泡泡袖袖山切展后会变高,要在衣身的肩部减掉这一部分,肩和袖子才能达到平衡。

修整衣身袖窿由肩端点收进 3~4cm,由于减小肩宽袖窿弧线变长,为合体型袖子时,胸围线提高 0.5cm,重新画圆顺袖窿弧线。

后身通省,前身转袖窿省,分割线组合中腰省收腰。

领子为平领,依托前后衣片制领详见娃娃服领。

泡泡袖:在袖原型基础上,作袖山切展,从袖山顶点开始向下剪到袖起始点止,转折向左、右两边剪到袖宽点,不要剪断,向两边展开褶量,再重新画圆顺袖窿弧线。按图 10-8 作褶线。其他作图参照普通女衬衫结构图。

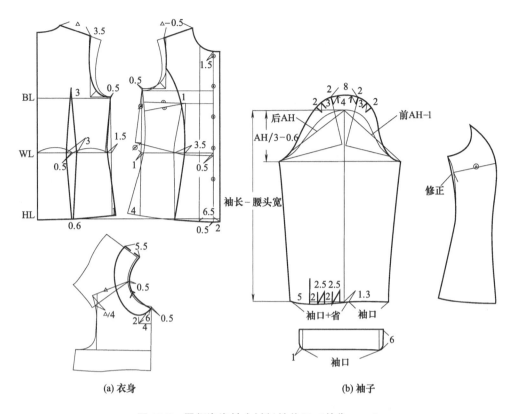

(a) 衣身   (b) 袖子

图 10-8 平领泡泡袖女衬衫结构图（单位：cm）

10.4 八开身平驳头西服领女上衣

[款式说明]

八开身平驳头西服领女上衣款式图如图 10-9 所示。这一款西服领女上衣，松量属于常规合体，胸、腰合体，下摆放松量较大，以分割线把前、后片的中腰省量在分割线之间减掉，交叉重叠放出下摆。整体造型简洁明快，线条自然流畅，具有典型女性风格，适合不同年龄的女装设计。

[制图尺寸]

参考号型：160/84A。衣长 66cm，胸围 92cm，肩宽 39.4cm，袖长 57cm，袖口 12.5cm。

[制图要点]

八开身平驳头西服领女上衣结构图和纸样分别如图 10-10、图 10-11 所示。

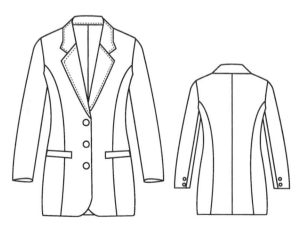

图 10-9 八开身平驳头西服领女上衣款式图

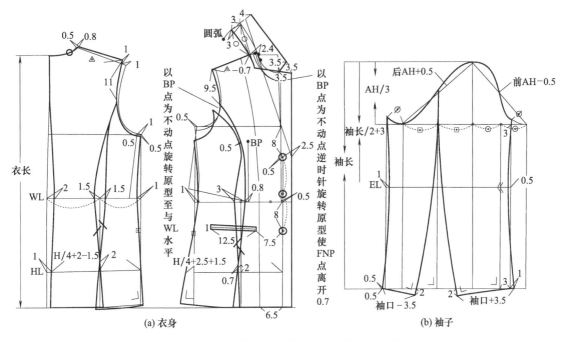

图 10-10　八开身平驳头西服领女上衣结构图（单位：cm）

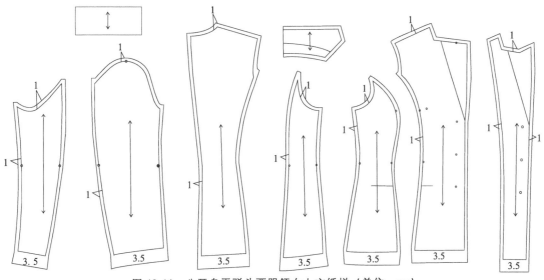

图 10-11　八开身平驳头西服领女上衣纸样（单位：cm）

原型腰围线在同一直线水平定位。

转撇胸按图 10-10 以 BP 点为不动点旋转原型使颈围前中心点 FNP 离开 0.7cm。

侧片在转撇胸基础上，再以袖窿省组合中腰省。方法参照袖窿省组合中腰省。

前中心线平行加宽 0.5cm，是面料的厚度和前门襟重叠所占的量。

领子制图与平驳头西服领制图方法相同。

袖子制图与两片袖方法相同。

其他制图方法同合体上衣基础版方法相同。

排料：参照八开身平驳头西服领女上衣排料参考图（图 10-12）。

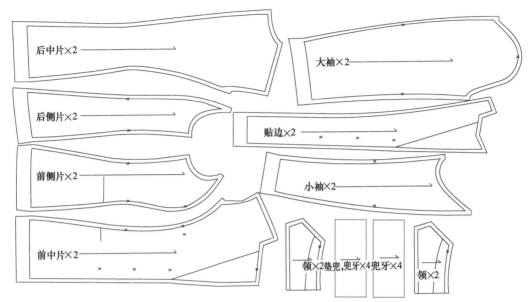

图 10-12　八开身平驳头西服领女上衣排料参考图

10.5　六开身半戗领女西服

[款式说明]

六开身半戗领女西服款式图如图 10-13 所示。六开身半戗领女西服整体造型（H 形）属于直身合体。分割线偏移至人体的侧面，使衣服有很强的整体感，前中片省量转移到中腰省再由袋口转出，使分割线巧妙地绕过胸部装饰袋的位置，在含蓄的优雅中映衬出女性柔美的身材，自然地流露出帅气和庄重，适合军服风格和白领职业装的设计。

[制图尺寸]

参考号型：160/84A。衣长 67cm，胸围 94cm，肩宽 39.4cm，袖长 57cm，袖口 12.5cm。

[制图要点]

六开身半戗领女西服结构图和纸样分别如图 10-14、图 10-15 所示。

原型腰围线在同一直线水平定位。

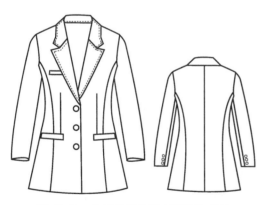

图 10-13　六开身半戗领女西服款式图

转撇胸按图 10-14 以 BP 点为不动点旋转原型使颈围前中心点 FNP 离开 1cm。

袖窿省组合中腰省，方法与图 10-10 相同。

再按图 10-14 自 BP 点向兜口作新省线，把前中片省量转移到新省位，修正分割线与省边 BP 点向下 3cm，重新画好新省，修正校对省边，对应缝合线要相等。

衣身后侧片与前侧片对合成为一片，由八开身合并成为六开身。

领子制图与半戗领制图方法相同。

袖子制图与两片袖（平铺画法）方法相同。

(a) 衣身
(b) 袖子

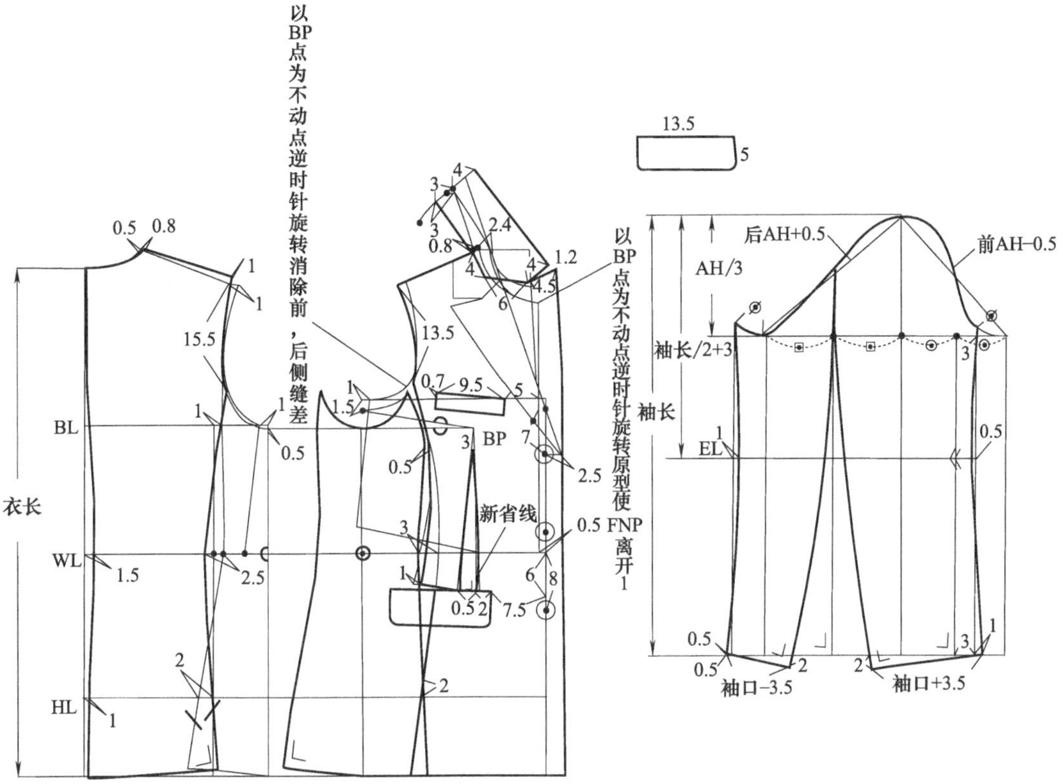

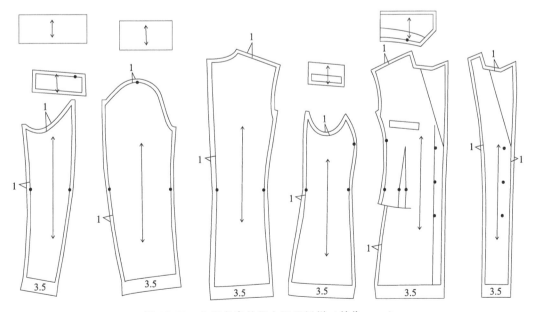

图 10-14 六开身半戗领女西服结构图（单位：cm）

图 10-15 六开身半戗领女西服纸样（单位：cm）

10.6 剪接腰围的变形泡泡袖上衣

[款式说明]

剪接腰围的变形泡泡袖上衣款式图如图 10-16 所示。整体造型（X形），胸、腰合体，通过剪接腰围使腰线更贴合人体。变形的泡泡袖通过袖山的分割，移出后把泡泡的褶量叠缩、转移，使袖子造型具有很强的立体感。

[制图尺寸]

参考号型：160/84A。衣长 66cm，胸围 90cm，袖长 57cm，袖口 12cm。

[制图要点]

剪接腰围的变形泡泡袖上衣结构图如图 10-17 所示。后片胸围加 0.5cm，前片胸围用原型尺寸不变，肩端点减掉 3.3cm（这一部分肩借到泡泡袖的袖山）。腰围线以上按图修正重新画好腰口弧线。袖子详见变形泡泡袖。其他参照八开身平驳头女西服领上衣。

图 10-16 剪接腰围的变形泡泡
袖上衣款式图

以下侧片按图 10-17 与中片线靠线对合，或为一整片，把腰口和下摆修正圆顺。腰围线以上按图修正重新画好腰口弧线。袖子详见变形泡泡袖。其他参照八开身平驳头女西服领上衣。

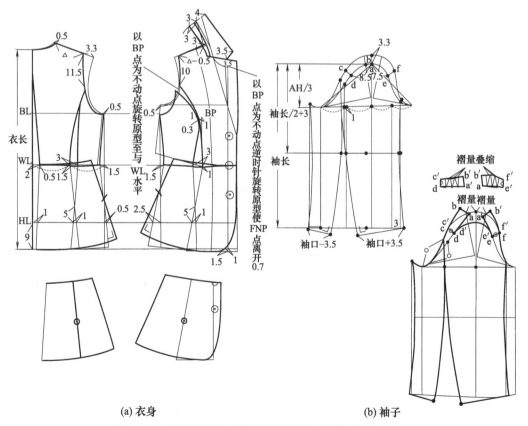

(a) 衣身　　　　　　　(b) 袖子

图 10-17 剪接腰围的变形泡泡袖上衣结构图（单位：cm）

10.7　基本型旗袍

［款式说明］

基本型旗袍款式图如图 10-18 所示。旗袍是我国富有民族特色的传统服装，旗袍合身的造型，流畅的曲线，与颈部吻合的高立领，古朴的布纽襻和侧开衩的设计，端庄大方、优雅得体，充分体现了我国服装设计大师的智慧。这一款旗袍是经过改革的基本型。各种变化型的旗袍款式都是在保留旗袍最基本元素的前提下衍生出来的。

旗袍尺寸的把握要恰到好处，要根据穿着的场合、穿着者的年龄等，做到增之一分则太多，减之一分则太少。这一款旗袍衣长在距脚底约 15cm 处，比较修长但不影响正常活动，袖长到手腕，是全臂长度。领子合体抱脖，胸、腰、臀三围松量均为 6cm，松度适宜，属于合体型。

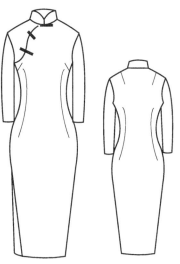

图 10-18　基本型旗袍款式图

旗袍适用的面料很广。从普通的棉质到高档的丝绸都可以，配合我国传统的镶、嵌、绳、盘等精湛工艺使旗袍的款式更加丰富多彩。无论是朴实无华的，还是光彩照人的，每一款都能体现中国女性优雅的东方神韵。既可作为礼服，也可日常穿用，是既时尚又实用的服装，深受人们喜爱。

［制图尺寸］

参考号型：160/84A。衣长 66cm，胸围 90cm，腰围 74cm，臀围 96cm，领围 38cm，肩宽 39.4cm，袖长 50.5cm，袖口 23cm，股长 27.5cm，臀高 19cm。

［制图要点］

基本型旗袍结构图如图 10-19 所示。

（1）前后片原型腰围线在同一直线水平定位。

（2）领口用原型领口。

（3）肩宽在原型肩宽基础上减 0.5cm，肩端点下落 0.5cm，在画好肩部后，要做省道校正。

（4）前、后片胸围由原型各收进 0.5cm，前、后片腰围＝W/4＋1.5cm（松量）＋(2.5～3) cm（省量）；臀围＝H/4＋1.5cm。

（5）开衩止点通常在股围线向下 10～15cm 至膝围线向上 12～15cm 的区间内，以既不暴露身体又不影响正常行走为宜。

（6）下摆宽是由臀围侧缝线向内 4°决定的，前、后片相同。不同的衣长时沿着角度线，决定下摆宽，用圆顺的曲线连接。

（7）纽襻起到固定衣襟的作用，通常在左片（大襟）钉纽，右片钉襻，纽襻长度通常 4～4.5cm，襻起到拉住衣襟的作用，领口的纽襻要按图沿顺领弧线钉，其他的要使纽襻头尾在同一直线上。如图 10-19 中基本型旗袍的衣襟与钉纽襻的位置图所示。

（8）旗袍衣片加缝边，要根据不同的款式和加工工艺进行加放。

（9）裁剪注意：旗袍前衣片左、右两边不对称，要确定好方向后裁剪，以免造成不必要的损失。

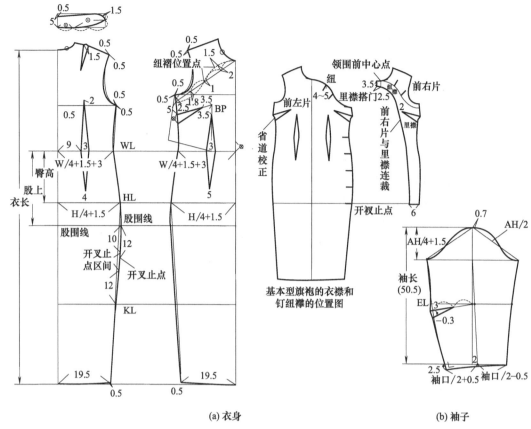

(a) 衣身 　　　　(b) 袖子

图 10-19　基本型旗袍结构图（单位：cm）

10.8　无袖旗袍

[款式说明]

无袖旗袍款式图如图 10-20 所示。无袖旗袍衣长在距脚底约15cm 处，在小腿肚下约 3cm，领子合体，抱脖，胸、腰、臀放量均为 4cm，属于紧身合体型。无袖，肩端点收进并降低使袖窿弧线贴合手臂根部周围线，侧开衩长度适宜，对服装的功能性和装饰性把握得恰到好处，使穿着者更显身材修长和曲线优美。

[制图尺寸]

参考号型：160/84A。衣长 122cm，胸围 88cm，腰围 72cm，臀围 94cm，领围 38cm，肩宽 37cm，股长 27.5cm，臀高 19cm。

[制图要点]

无袖旗袍结构图和纸样分别如图 10-21、图 10-22 所示。

胸围线由原型胸围线提高 1.5cm，由于前侧缝加长，侧缝第一粒与第二粒扣位间距加大，按图 10-21 在侧缝省下加一扣位。

其他制图参照图 10-19 基本型旗袍制图方法。

衣襟与纽襻如图 10-21 中无袖旗袍衣襟与钉纽襻的位置所示。

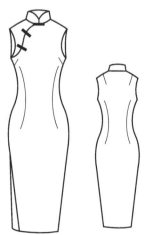

图 10-20　无袖旗袍款式图

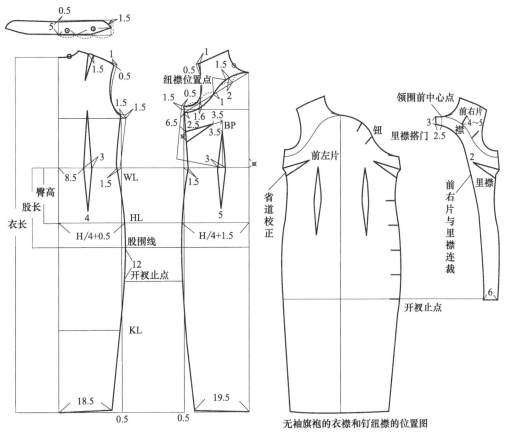

图 10-21 无袖旗袍结构图（单位：cm）

无袖旗袍的衣襟和钉纽襻的位置图

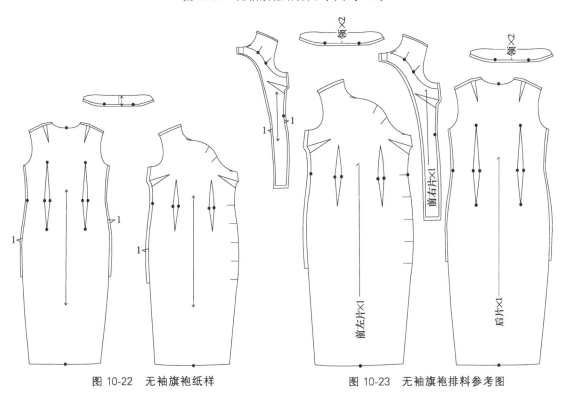

图 10-22 无袖旗袍纸样

图 10-23 无袖旗袍排料参考图

衣片加缝边，旗袍的缝边要根据旗袍的缝制工艺加放，这一款是传统绲边制作工艺，按图 10-21 在绲边处都是净份，不加缝边，其余的都是 1cm 缝边。

裁剪注意在绲边处要留有余地，在黏衬固定布纹后，使其不变形。在缝制时，再按纸样画好净缝线。

旗袍如用相同面料绲边时要加绲边条用料，绲边斜条要用 45°斜纱，斜纹面料要垂直于斜纹裁绲边条。绲边条宽度通常以 3cm 计算。绲边条长等于衣片所有未加缝边的轮廓线总长另加做布纽襻所用的面料。

排料：参照无袖旗袍排料参考图（图 10-23）。

10.9　公主线开剪大衣

[款式说明]

公主线开剪大衣款式图如图 10-24 所示。这款大衣采用符合人体曲线的公主线开剪形式，通过分割线收腰，展开下摆。实用的斜插袋设在分割线上，保持了曲线的完整流畅，简洁的关门领分割线的应用使领子合体，同时也具备大衣保暖的功能。这是一款常见的大衣款式。

图 10-24　公主线开剪大衣款式图

[制图尺寸]

参考号型：160/84A。衣长 89cm，胸围 98cm，肩宽 40.4cm，袖长 58cm，袖口 14cm。

[制图要点]

公主线开剪大衣结构图如图 10-25 所示。

（1）原型前、后腰围线在同一直线水平定位。

（2）后中心线平行放 0.5cm（面料的厚份），前中心线平行加放 0.7cm 是面料厚份和前门襟重叠所占容量的份。

（3）肩颈、袖窿深、胸围，按图 10-25 加放松量。

（4）前身转肩省组合中腰省：详见图 5-12 肩省组合中腰省。

（5）领子：详见有领座的两用领。

（6）袖子作图与两片袖（平铺画法）方法相同。

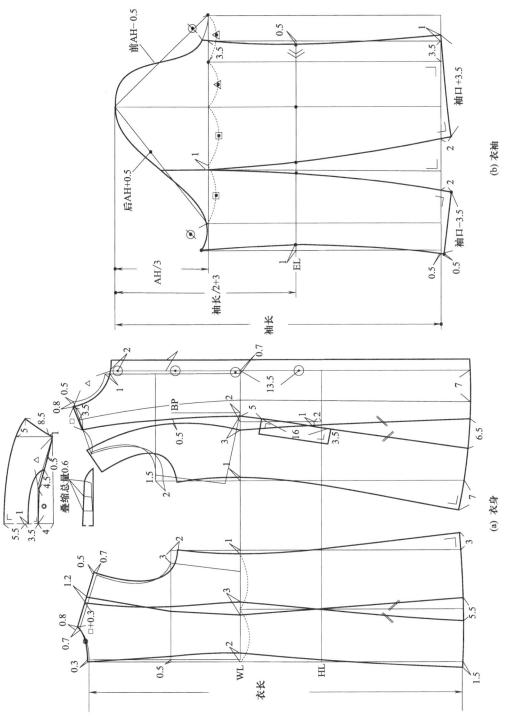

(b) 衣袖

前 AH−0.5

后 AH+0.5

0.5

3.5

袖口+3.5

3.5

1

2

袖口−3.5

2

0.5

0.5

AH/3

袖长/2+3

EL

1

1

袖长

图 10-25　公主线开剪大衣结构图（单位：cm）

(a) 衣身

2

0.7

13.5

1

0.5

0.8

8.5

3.5

BP

0.5

2

5

3

16

1

2

3.5

1.5

2

1

7

6.5

7

7

叠缩总量0.6

5

0.6

0.5

4.5

1

5.5

3.5

4

2

1

0.5

0.7

1.2

0.8

0.7

□+0.3

0.3

3

2

3

3

2

5.5

1.5

0.5

WL

HL

衣长

10.10 插肩袖大衣

[款式说明]

插肩袖大衣款式图如图 10-26 所示。这款插肩袖大衣整体造型为 A 字形，衣长在膝下 17cm，胸围松量 15cm，通过转撇胸后再转袖窿省使胸部自然合体，肩部为自然肩，肩袖曲线流畅，肩章的设置使整体有稳定感，袖带和腰带的配合既有实用性又有装饰性。

图 10-26 插肩袖大衣款式图

[制图尺寸]

参考号型：160/84A。衣长 110cm，胸围 99cm，袖长 59cm，袖口 31cm。

[制图要点]

插肩袖大衣结构图和纸样分别如图 10-27、图 10-28 所示。

（1）原型腰围线在同一直线水平定位。

（2）后中心线平行加放 0.5cm，前中心线平行加放 1cm。

（3）肩、颈、袖窿深、胸围按图 10-27 加放松量。

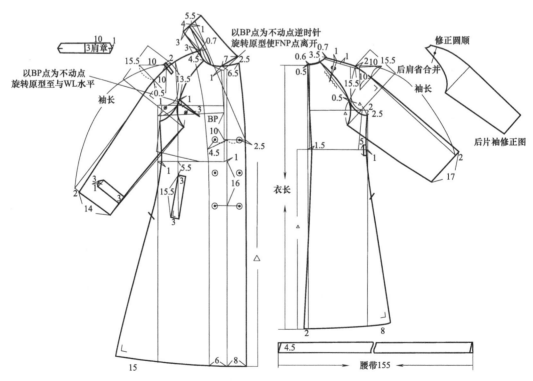

图 10-27 插肩袖大衣结构图（单位：cm）

（4）以 BP 点为不动点，逆时针旋转原型，使领围前中心点离开 0.7～1cm 转撇胸后，用旋转法以 BP 点为不动点，自袖转折点再转袖窿省。

（5）插肩袖作图方法参照图 3-16 插肩袖。

（6）平驳头西服领和双排扣戗驳头西服领，方法和规律是相同的。

（7）按图 10-27 后片袖省量合并，并修正圆顺。

（8）排料：参照插肩袖大衣排料参考图（图 10-29）。

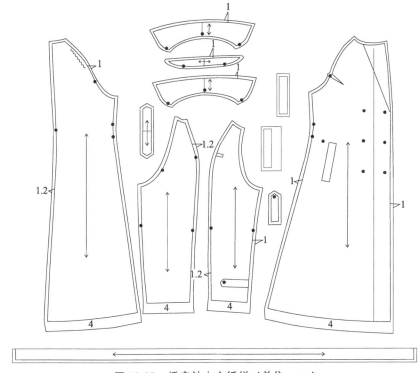

图 10-28　插肩袖大衣纸样（单位：cm）

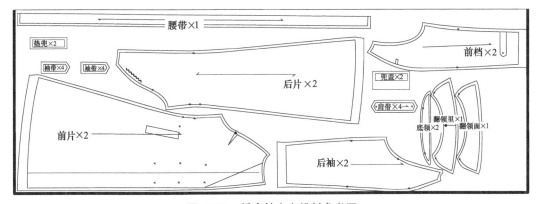

图 10-29　插肩袖大衣排料参考图

11 男装制版实例

11.1 男衬衫（基本型）

[款式说明]

男衬衫（基本型）款式图如图 11-1 所示。这是一款适合任何场合穿着的最普通的衬衫，胸围松量 18cm，穿着舒适，简洁大方。

图 11-1 男衬衫（基本型）款式图

[制图尺寸]

参考号型：170/88A。衣长 73cm，胸围 106cm，肩宽 45.6cm，袖长 59.5cm，袖口 24cm，领围 39cm。

[制图要点]

男衬衫（基本型）结构图和纸样分别如图 11-2、图 11-3 所示。

在原型基础上制图。领口：原型领口 FNP 点下落 0.5cm，BL 下落 1cm，后胸围＋1cm。如果要更宽松，可在后片中心加活褶。后肩开宽 1cm，肩端点提高 0.7cm（后过肩袖窿省的量）。

WL 向下延长至衣长，前门襟贴边连折，其中左贴边 2 层，有一层作为衬布。

领子是传统的直角式制领，详见衬衫领的制图方法。

衬衫领的领围尺寸是指底领上口的尺寸，领子制图尺寸以前领弧＋后领弧尺寸为基础。

通常衬衫领的底领宽 3.3～3.5cm，要考虑西服领的底领宽和位置，穿在身上后要比配套的西服领子高出 1～2cm。

袖子是普通的平袖，袖长按全臂长＋4cm 计算，与西服配套穿比西服袖长出 2cm，袖山高按 AH/6 计算，前后 AH－0.7cm 确定前、后袖宽，通过增减袖山高调整袖肥。

男衬衫的短袖不用单独制图，按图 11-2 截长袖的袖肘线以上 5～7cm 作为短袖的袖长。

排料：参照普通男衬衫排料参考图（图 11-4）。

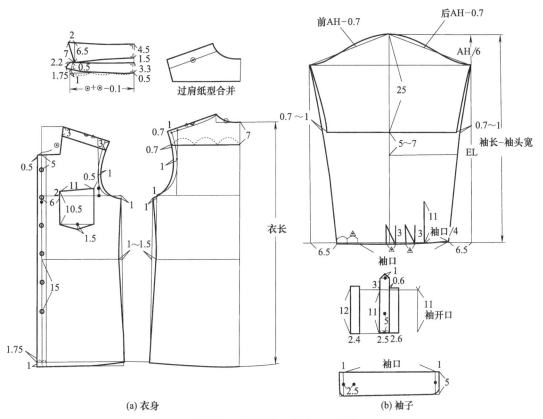

图 11-2 男衬衫（基本型）结构图（单位：cm）

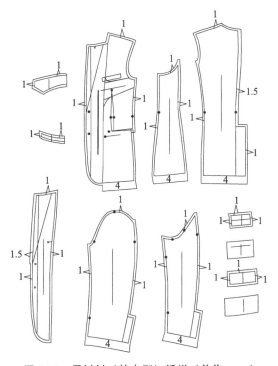

图 11-3 男衬衫（基本型）纸样（单位：cm）

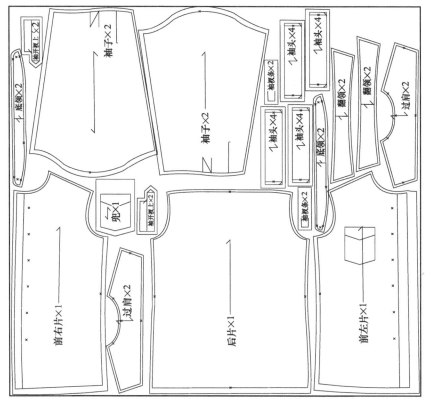

图 11-4　普通男衬衫排料参考图

11.2　宽松男衬衫

[款式说明]

宽松男衬衫款式图如图 11-5 所示。宽松男衬衫适合用棉质的面料，作为外穿的休闲类衬衫。

图 11-5　宽松男衬衫款式图

[制图尺寸]

参考号型：170/88A。衣长 76cm，胸围 114cm，肩宽 49.6cm，袖长 59.5cm，袖口 24cm，领围 40cm。

[制图要点]

宽松男衬衫结构图如图 11-6 所示。

领口是在原型领口基础上加 1cm，领宽、领深与原型的计算方法相同。前 FNP 点再下落 0.3cm。

肩宽加 3cm，胸围在原型基础上共加松量 10cm，后片加 3cm，前片加 2cm，袖窿向下开深 3cm（开深量通常为原型加松量的 1/4～1/3）。

前门襟通常采用反贴边，要根据具体的工艺要求生成衣片，加缝边。

衣长后片比前片长 3cm，侧缝收进 2cm，起翘 5cm 做圆下摆。

领子制图同衬衫领。

袖子是落肩袖，袖长尺寸减去袖头宽，再减去衣身肩宽加的 3cm 落肩量。

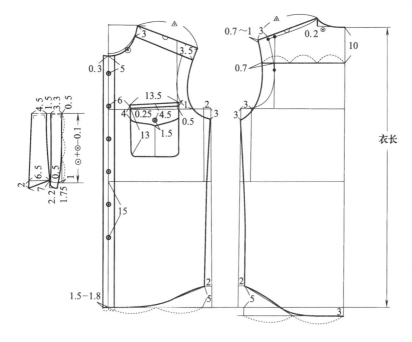

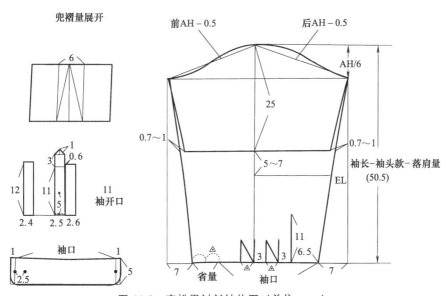

图 11-6　宽松男衬衫结构图（单位：cm）

11.3　收腰圆摆男衬衫

[款式说明]

收腰圆摆男衬衫款式图如图 11-7 所示。这一款男衬衫围度放松量较小，是修身合体造型，适合用纬纱有微弹的面料，是近几年来年轻人喜欢的款式。

图 11-7 收腰圆摆男衬衫款式图

[制图尺寸]

参考号型：170/88A。衣长72cm，胸围 102cm，肩宽 45.6cm，袖长 59.5cm，袖口 23cm，领围 39cm。

[制图要点]

收腰圆摆男衬衫结构图如图 11-8 所示。

领口由颈围前中心点向下落 0.5cm，前片胸围比原型减小 1cm，其他按原型不变，画圆顺袖窿弧线，在侧缝腰围线收进 2～2.5cm，后片腰收省 2.5cm，起翘圆下摆。

前门襟适合用反贴边，要根据款式具体工艺要求生成衣片，加缝边。

其余作图方法参照图 11-2 男衬衫（基本型）结构图。

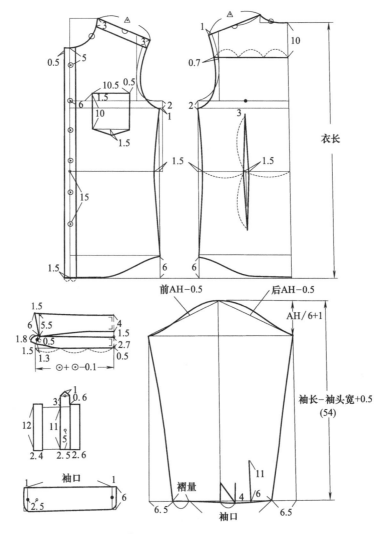

图 11-8　收腰圆摆男衬衫结构图（单位：cm）

11.4 单排平驳领两粒扣男西服（基本型）

［款式说明］

单排平驳领两粒扣男西服（基本型）款式图如图 11-9 所示。这是一款合体型西服上衣，胸围的放松量 14cm，是适合年轻人的松量。中老年人或习惯比较宽松的服装，可在此基础上加 3～4cm，也属于合体型，单排 2 粒扣平驳头款式是套装西服常用的。

［制图尺寸］

参考号型：170/88A。衣长 74cm，胸围 102cm，肩宽 43.6cm，袖长 60cm，袖口 14cm。

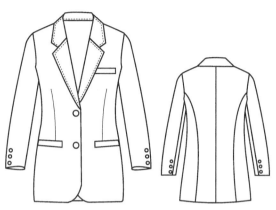

图 11-9 单排平驳领两粒扣男西服（基本型）款式图

［制图要点］

单排平驳领两粒扣男西服（基本型）结构图如图 11-10 所示，男西服（基本型）面料、里料纸样分别如图 11-11、图 11-12 所示，男西服胸衬及零部件样板如图 11-13 所示。

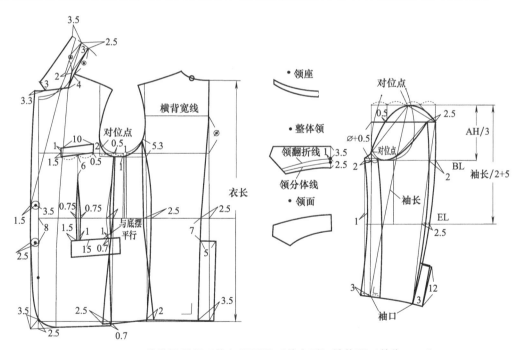

图 11-10 单排平驳领两粒扣男西服（基本型）结构图（单位：cm）

按男西服基型，BL 线下落 1cm 开深袖窿，袖窿弧纵向图元跟随联动，按图画相似形圆顺曲线，半胸围在侧缝加 1cm，腰围线向下延长至衣长。衣长＝颈椎点高/2＋1.5cm，中腰收省 13～15cm，下摆通过交叉重叠放出胸臀差，前片侧缝比侧片长 0.7cm，是兜口收腹省的省量。

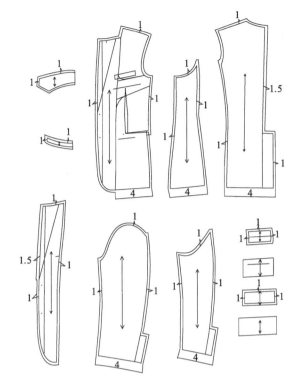

图 11-11　男西服（基本型）面料纸样（单位：cm）

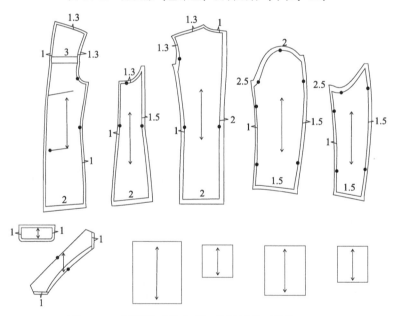

图 11-12　男西服（基本型）里料纸样（单位：cm）

　　领子制图方法与领子的免归拔处理参照平驳头西服领。

　　袖子：袖长＝全臂长 55.5cm＋4.5cm＝60cm，西服袖袖长含有肩垫的厚份和工艺缩量 1.5cm 左右，要根据不同的面料和加工工艺进行调整。

　　制图与男西服基型配袖方法相同。

　　排料：参照男西服（基本型）面料及里料排料参考图（图 11-14、图 11-15）。

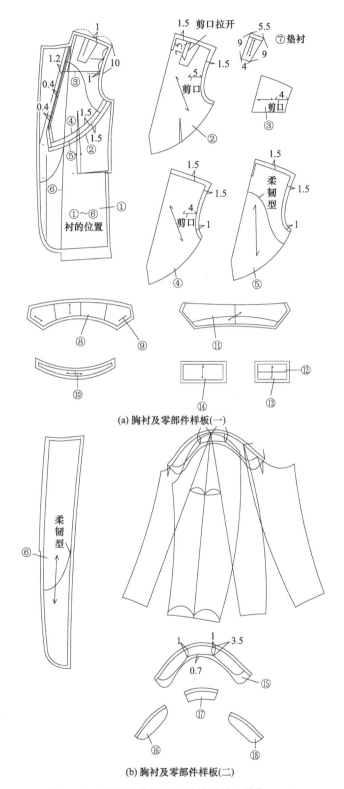

(a) 胸衬及零部件样板(一)

(b) 胸衬及零部件样板(二)

图 11-13　男西服胸衬及零部件样板（单位：cm）

①—前身黏合衬；②—主胸衬；③—肩衬；④—加强胸衬；⑤—胸衬；⑥—挂面衬；

⑦—垫衬（②—剪口拉开后的垫衬）；⑧—领面衬；⑨—领角衬；⑩—领座装；⑪—领里衬；⑫—手巾袋衬；

⑬—手巾袋净版衬；⑭—大袋盖衬；⑮—袖窿条；⑯⑰⑱—袖窿条组合衬

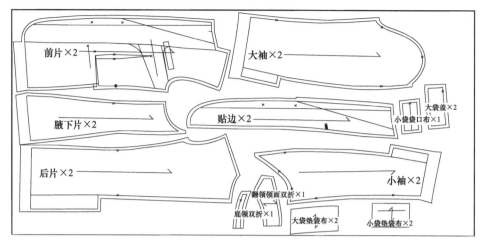

图 11-14　男西服（基本型）面料排料参考图

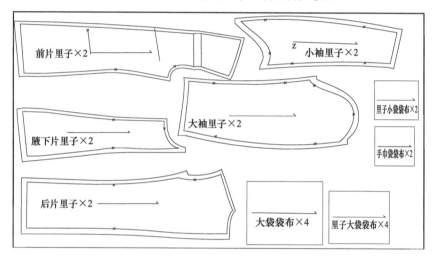

图 11-15　男西服（基本型）里料排料参考图

11.5　单排半戗领两粒扣侧开衩半紧身男西服

[款式说明]

单排半戗领两粒扣侧开衩半紧身西服款式图如图 11-16 所示。这是近年来比较流行的款式，由于上半身紧身合体，收腰，下摆较宽松，两侧开衩，增加运动功能，因此很受年轻人欢迎。

图 11-16　单排半戗领两粒扣
侧开衩半紧身男西服款式图

[制图尺寸]

参考号型：170/88A。衣长 74cm，胸围 100cm，肩宽 43.6cm，袖长 60cm，袖口 14cm。

[制图要点]

单排半戗领两粒扣侧开衩半紧身男西服结构图如图 11-17 所示。用西服基型，按图 11-17 中腰围线向下延长至衣长，斜兜口侧开衩，下摆交叉放出 5cm。

领子制图参照半戗领制图方法。

其他与男西服（基本型）方法相同。

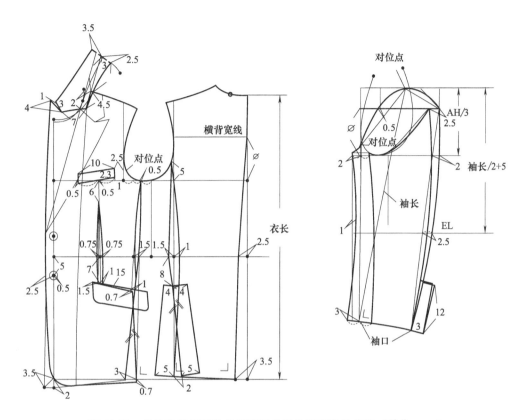

图 11-17 单排半戗领两粒扣侧开衩半紧身男西服结构图（单位：cm）

11.6 双排戗领六粒扣男西服

[款式说明]

双排戗领六粒扣男西服款式图如图 11-18 所示。双排戗领六粒扣男西服衣长比单排扣略长，围度松量比单排扣略大，属于合体型，是不同年龄段都可选择的款式。

[制图尺寸]

参考号型：170/88A。衣长 76.5cm，胸围 104cm，肩宽 44.6cm，袖长 60cm，袖口 14cm。

[制图要点]

双排戗领六粒扣男西服结构图如图 11-19 所示。

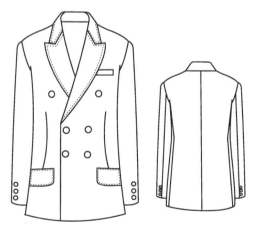

图 11-18 双排戗领六粒扣男西服款式图

按男西服基型，SP 点加宽，放 0.5cm，BL 下落 1cm，在侧缝加 2cm，双排扣西服衣身比单排扣西服衣长约 2.5cm，双排扣搭门宽 6cm。

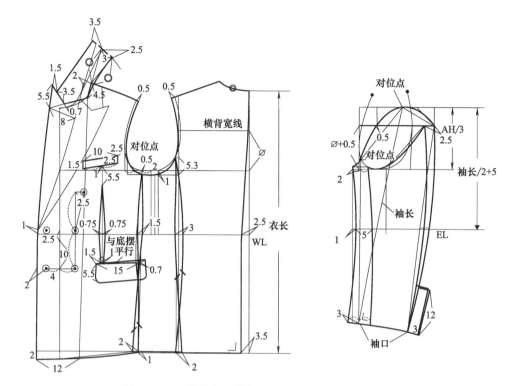

图 11-19　双排戗领六粒扣男西服结构图（单位：cm）

领子制图参照双排扣戗驳头西服领制图方法。

其他制图参照男西服（基本型）制图方法。

11.7　单排平驳领三粒扣休闲男西服

[款式说明]

单排平驳领三粒扣休闲男西服款式图如图 11-20 所示。这一款男西服肩宽、胸围放松量较大，穿着比较宽松随意，是具有休闲风格的西服。

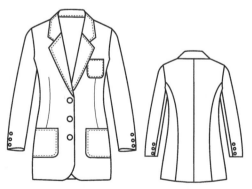

图 11-20　单排平驳领三粒扣休闲男西服款式图

其他制图参照男西服（基本型）制图方法。

[制图尺寸]

参考号型：170/88A。衣长 75cm，胸围 106cm，肩宽 46.6cm，袖长 60cm，袖口 14.5cm。

[制图要点]

单排平驳领三粒扣休闲男西服结构图如图 11-21 所示。

按男西服基型 BL 下落 2cm，开深袖窿在侧缝加 3cm，前、后肩端点各加放 1.5cm。兜口收腹省向下落至距兜口 5cm，明兜能盖住的位置。

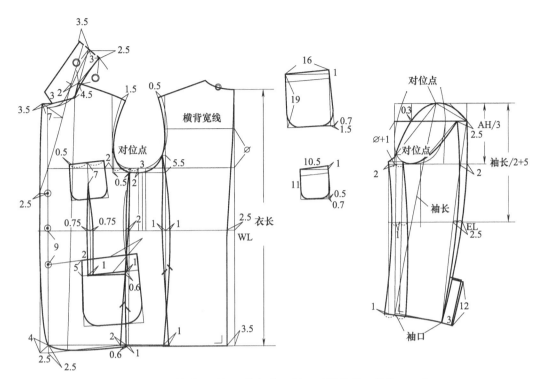

图 11-21 单排平驳领三粒扣休闲男西服结构图（单位：cm）

11.8 正式西服马甲

[款式说明]

正式西服马甲款式图如图 11-22 所示。这款西服马甲胸围松量 7cm，紧身合体，连立领，侧开衩前短后长，是实用、严谨的设计风格。

[制图尺寸]

参考号型：170/88A。衣长 53.5cm，胸围 95cm，肩宽 36.6cm，中腰围 82cm，背长 42.5cm。

[制图要点]

正式西服马甲结构图和纸样分别如图 11-23、图 11-24 所示。

按原型，BL 向下落 3～3.5cm。

后片：肩端点收进 3.5cm，侧领点沿着肩线开宽 0.5cm，领后中心点下落 0.5cm，后衣长由 WL 向下延长背长/5＋3cm，中腰收省至底摆，底摆侧缝开衩后片比前片长 3cm。

图 11-22 正式西服马甲款式图

前片：侧领点沿着肩线开宽 2cm，作连立领起点，然后由起点向上偏移后领弧长，向右偏移 1.5cm。作连立领，前片胸围由原型减去 3cm，前侧缝比后侧缝短 3cm，开衩长 4cm。前中尖下摆，下摆尖长取背长/5。

裁剪注意：正式西服马甲的后身用里子面料，前领贴边在前门襟止口点向 14cm 处与前门襟贴边分开裁剪，前领口贴边与连立领相连，这一部分要做成相似图形与衣身领口连裁，也需要与工艺设计相结合，请参照正式西服马甲纸样（图11-24）。

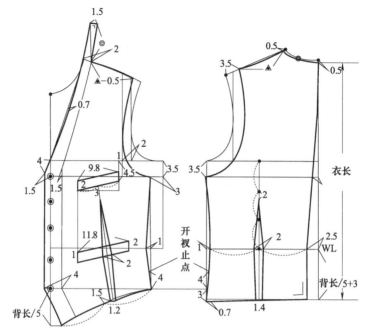

图 11-23　正式西服马甲结构图（单位：cm）

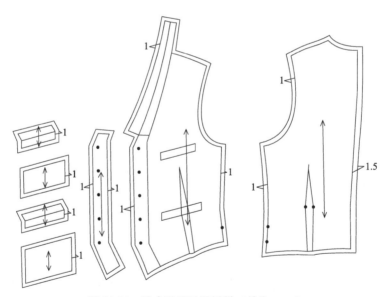

图 11-24　正式西服马甲纸样（单位：cm）

11.9　普通西服马甲

[款式说明]

普通西服马甲款式图如图11-25所示。普通西服马甲与正式西服马甲相比比较随意，做工也比较简单，是常用的款式。

［制图尺寸］

参考号型：170/88A。衣长 53.5cm，胸围 95cm，肩宽 38.6cm，中腰围 82cm，背长 42.5cm。

［制图要点］

普通西服马甲结构图如图 11-26 所示。普通西服马甲与正式西服马甲的区别是，没有连立领，肩宽略宽，前、后侧缝等长，其他的制图参照正式西服马甲制图方法。

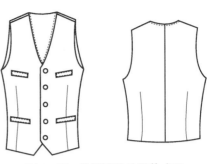

图 11-25　普通西服马甲款式图

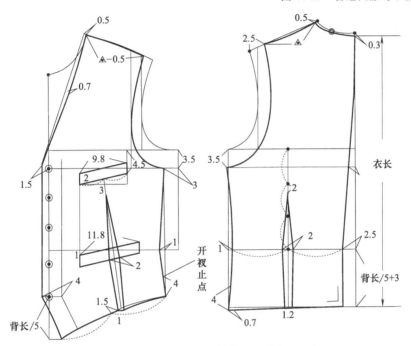

图 11-26　普通西服马甲结构图（单位：cm）

11.10　中山装

［款式说明］

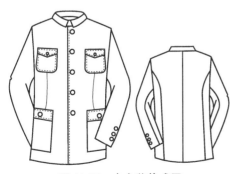

图 11-27　中山装款式图

中山装款式图如图 11-27 所示。中山装款式朴素大方，上、下口袋对称，形状既工整又实用。合体的领型和比较宽松的衣身，整体给人庄重得体的感觉。

［制图尺寸］

参考号型：170/88A。衣长 74cm，胸围 106cm，肩宽 46cm，袖长 60.5cm，袖口 14.5cm，领围 41cm，衣身领口 43.5cm。

［制图要点］

中山装结构图如图 11-28 所示。按西服基型，BL 下落 2.5cm，开深袖窿胸围在侧缝加 4cm。

前、后侧领点由 SNP 点顺肩线开宽量改为 0.5cm，领围前中心点由 FNP 点开深 0.5cm 再撇进 1.2cm 的撇胸量，画圆顺前、后领弧线，肩宽放出 1.2cm。

衣片袖窿省 1cm，省尖在兜口处兜盖能盖住的位置。下面的大兜有不同设计，要根据不同的做工和样式，正式的中山装下面的大兜是立体的，大兜尺寸大小能装得下一本 32 开本大小的书，请参照样衣具体细节，要与工艺制作互相配合。

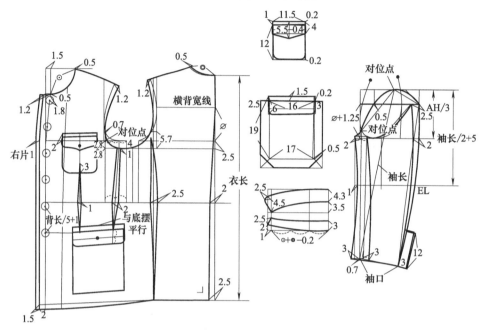

图 11-28　中山装结构图（单位：cm）

11.11　男正装夹克

[款式说明]
男正装夹克款式图如图 11-29 所示。正装夹克既具有正装的正式感，又给人简洁、平实、随意的感觉。

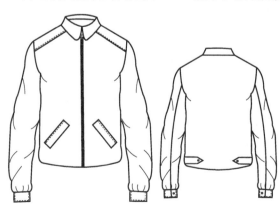

图 11-29　男正装夹克款式图

[制图尺寸]
参考号型：170/88A。衣长 67cm，胸围 115cm，肩宽 46.6cm，袖长 60.5cm，袖口 26cm，领围 43.5cm。

[制图要点]
男正装夹克结构图和纸样分别如图 11-30、图 11-31 所示。

后片：扩大领口，肩斜线平行提高，肩宽加 1.5cm，后片胸围加 3.5cm，侧缝下摆收进 2cm。

前片：侧领点与后片等量开宽，领围前中心点下落 1cm，扩大领口。前片小肩宽＝后片小肩宽－0.5cm，前、后袖窿画与原型袖窿相似的曲线。前止口上拉链，明拉链在前中心线去掉 0.7cm（拉链宽的一半），暗拉链直接用前中心线。

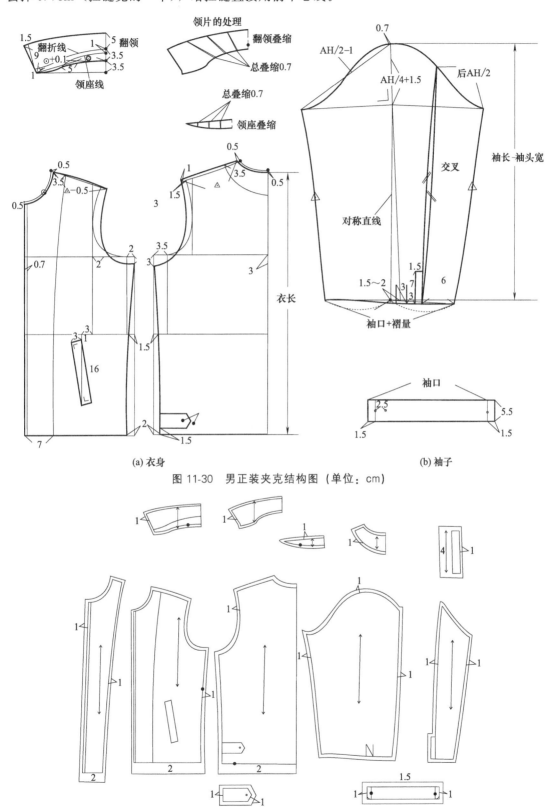

图 11-30　男正装夹克结构图（单位：cm）

图 11-31　男正装夹克纸样（单位：cm）

用原型 BL 向下 3cm 开深袖窿。

领子制图方法参照有领座的两用领。领子的做法有多种，裁剪时根据不同的面料和工艺选择。

袖子制图方法在男装上身原型配合体一片袖的基础上，在后袖山弧线上取 AH/2 定一点，在袖口线上定一点，按图 11-30 作两条袖片面积相互交叉圆顺的曲线，把袖子分为两片袖。袖头的制图参照男衬衫袖制图方法。

排料：参照男正装夹克排料参考图（图 11-32）。

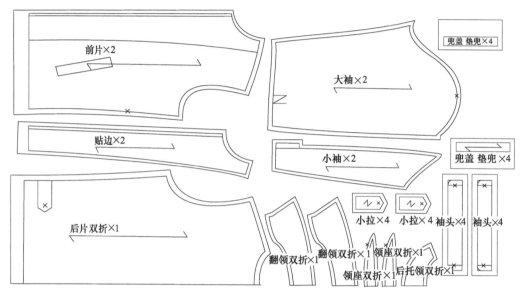

图 11-32　男正装夹克排料参考图

11.12　男立领夹克

[款式说明]

男立领夹克款式图如图 11-33 所示。这款立式夹克衣长较短，在腰围线下 15cm，胸围松量较大，肩是落肩的设计，增加肩宽。下摆通过分割线收进，整体造型呈倒梯形，合体的立领和紧袖口适合运动和工作时穿用。

图 11-33　男立领夹克款式图

[制图尺寸]

参考号型：170/88A。衣长 58cm，胸围 110cm，肩宽 50.6cm，袖长 60.5cm，袖口 26cm，领围 43cm。

[制图要点]

男立领夹克结构图如图 11-34 所示。用原型，扩大领口、肩宽、胸围、袖窿，衣长在 WL 向下 11.5cm。按图 11-34 分割衣片，立领制图参照立领制图原理及变化。其他制图参照图 11-30 男正装夹克结构图制图方法。

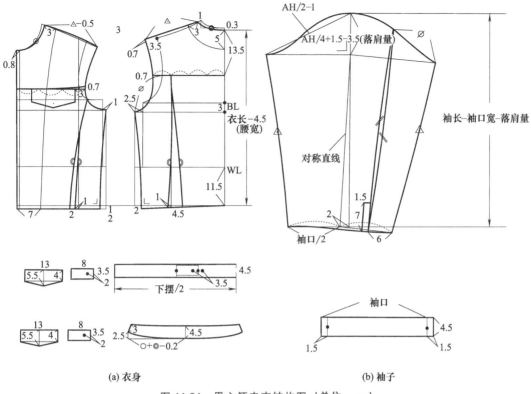

图 11-34　男立领夹克结构图（单位：cm）

11.13　男西服领大衣

[款式说明]

　　男西服领大衣款式图如图 11-35 所示。这是一款比较正式的大衣，适合不同年龄段在正式场合可穿的大衣款式。

[制图尺寸]

　　参考号型：170/88A。衣长 110cm，胸围 108cm，肩宽 46.6cm，袖长 62cm，袖口 15.5cm。

[制图要点]

　　男西服领大衣结构图如图 11-36 所示。按西服基型制图，衣长延长至膝盖以下约 10cm。胸围线下落 2.5cm 开深袖窿，半胸围在侧缝加 5cm，腰围线 WL 下落 1.5cm。

图 11-35　男西服领大衣款式图

　　后片：领口在西服基型的基础上，按图 11-36 扩大，肩斜不变，肩宽加 1.5cm，前片侧领点沿肩线与后片侧领点等量开宽。

　　领制图参照双排扣戗驳头西服领制图方法。驳头的高低、领角的宽窄可根据个人爱好和流行趋势决定。

　　袖子制图与男西服基型配两片袖制图方法相同。

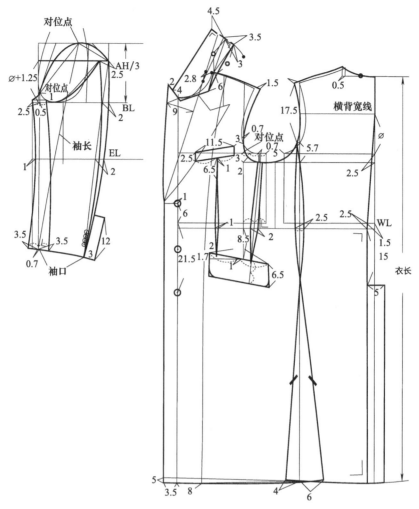

图 11-36　男西服领大衣结构图（单位：cm）

11. 14　男插肩袖大衣

[款式说明]

男插肩袖大衣款式图如图 11-37 所示。男插肩袖大衣使肩部没有厚重感，胸围放松量较大，以腰带调节松量，使大衣兼容性较好，领子是带有领座的拿破仑领与肩章的配合，具有军服风格。

[制图尺寸]

参考号型：170/88A。衣长 105cm，胸围 116cm，肩宽 43.6cm，袖长 62.5cm，袖口 17cm。

[制图要点]

男插肩袖大衣结构图和纸样分别如图 11-38、图 11-39 所示。

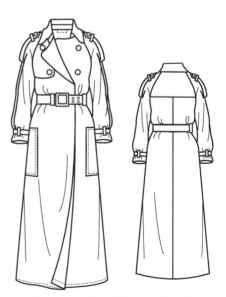

图 11-37　男插肩袖大衣款式图

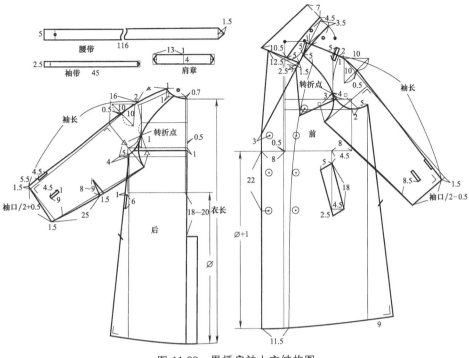

图 11-38 男插肩袖大衣结构图

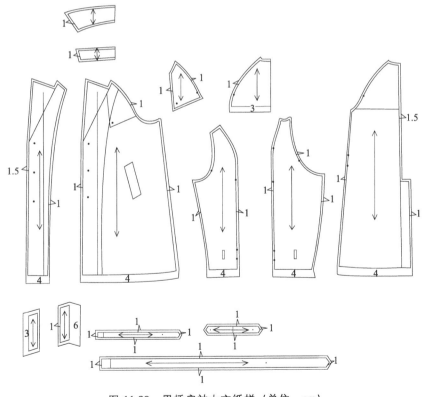

图 11-39 男插肩袖大衣纸样（单位：cm）

在原型基础上制图，BL下落4cm开深袖窿，衣长延长至膝围线以下8cm。

后片：扩大领口作相似后领弧线，肩斜平行提高1cm，后片胸围在原型胸围基础上加4cm，在转折点作交叉重叠曲线。

衣身袖窿在距侧缝5cm的弧线借到前片，下摆按图放出，后袖在袖口侧缝加1.5cm，作为袖肘省的省量。

袖角度调整和细节参照插肩袖袖角度、袖山高、袖宽的调整方法。

前片：胸围由原型胸围放2cm，前侧领点沿肩线开宽1cm作原型领弧平行的相似弧线。

领子制图：参照无串口领。

排料：参照插肩袖拿破仑领大衣排料参考图（图11-40）。

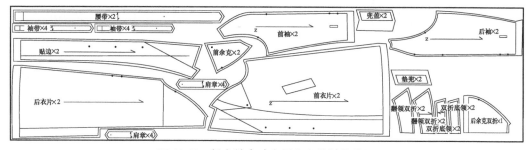

图11-40 插肩袖拿破仑领大衣排料参考图

12

童装制版实例

12.1 儿童裤（基本型）

身高 80～130cm 的儿童裤子制图男、女共用。

［款式说明］

儿童裤（基本型）款式图如图 12-1 所示。这是一款普通的基本型裤子，裤腰加松紧带，适合儿童活泼好动的特点，穿脱也比较方便。

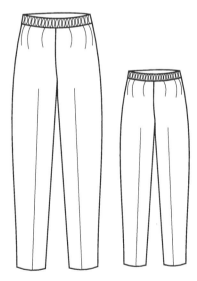

图 12-1　儿童裤（基本型）款式图

［制图尺寸］

参考号型：110/53。腰围高 65cm，净腰围 53cm，净臀围 59cm，股长 21cm，裤长 65cm，腰围 55cm，臀围 71cm，裤口 15cm。

［制图要点］

儿童裤（基本型）结构图如图 12-2 所示。儿童裤制图以 110/53 为参考号型制图为例。

儿童裤制图的特点如下。

（1）小裆宽＝H/20（含有 0.7cm 的腹部凸量）。

（2）股长：身高越小，股长所占的比例越大。

（3）臀围松量比较大，臀、腰差根据具体情况，用松紧带调节，儿童是长身体的时期，又活泼好动，注意松紧要适当。

其余的制图方法和变化规律参照裤子结构设计制图。

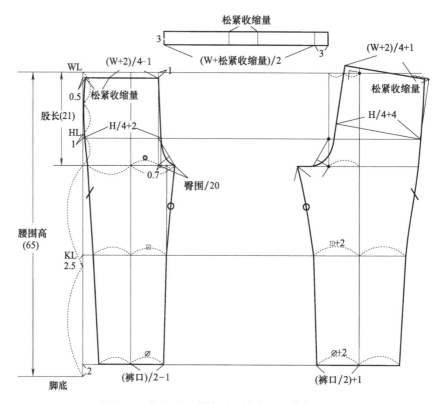

图 12-2　儿童裤（基本型）结构图（单位：cm）

12.2　儿童连体装（基础版）

[制图尺寸]

参考号型：110/56/53。腰围高 65cm，净腰围 53cm，净臀围 59cm，净胸围 56cm，股长 21cm，背长 26.5cm，臀围 71cm，裤口 15cm。

[制图要点]

儿童连体装（基础版）结构图如图 12-3 所示。

在基本型裤子的基础上，加立裆深，由 WL 向下取股长尺寸加 2cm，裤口线由脚底线提高 2cm，臀围放量 12cm，前、后片平均分配，把上身原型与裤子基础版在腰围线对接，画圆顺侧缝线。把衣身原型的腹部凸量转移到裤片腹部收省有效的位置，如图 12-3 所示。

连体装基础版可以作为所有连身服装的基础版，取上身原型面积的一部分即可变化不同造型的背带裤。

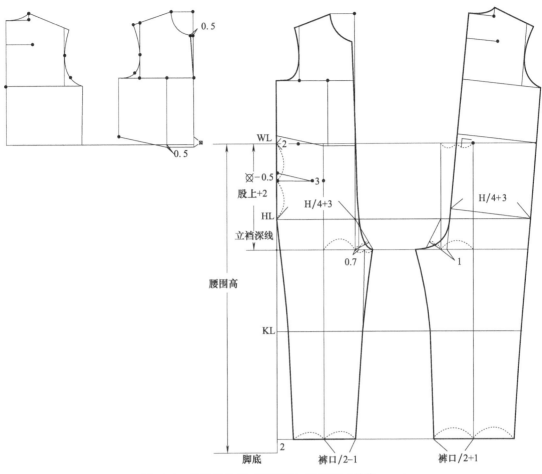

图 12-3　儿童连体装（基础版）结构图（单位：cm）

12.3　背带裤

[款式说明]

背带裤款式图如图 12-4 所示。背带裤前中心线装长拉链，两侧有松紧调节，方便儿童运动和穿脱，前胸和后背起到保护身体的作用。腹部的两个兜既有实用性，同时也挡住腹省，起到美化的作用。

[制图尺寸]

参考号型：110/56/53。腰围高 65cm，净腰围 53cm，净臀围 59cm，净胸围 56cm，股长 21cm，臀围 71cm，裤口 15cm。

[制图要点]

背带裤结构图如图 12-5 所示。参照连体服基础版，用衣身原型做前胸、后背与裤子连为整体，如在背带上面钉扣，衣身锁眼，把背带加长一些，留有余地，当儿童长高后，移动扣位可以调节长度。

在腋下袖窿处，加松紧调节胸围。

裁剪注意，开省线要做省道校正后再裁面料。

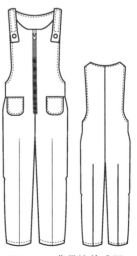

图 12-4　背带裤款式图

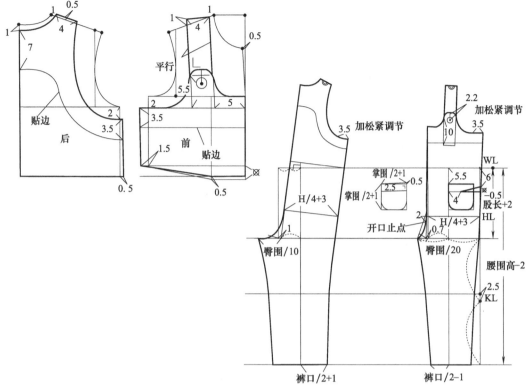

图 12-5 背带裤结构图（单位：cm）

12.4 娃娃服

[款式说明]

娃娃服款式图如图 12-6 所示。这款娃娃服的领子为平领，符合儿童脖子较短的特点，肩宽收进与灯笼袖配合，使灯笼袖更漂亮。

图 12-6 娃娃服款式图

[制图尺寸]

参考号型：110/56。衣长 42cm，胸围 68cm，肩宽 26cm，袖长 12cm，袖口 20cm，领围 30cm。

[制图要点]

娃娃服结构图如图 12-7 所示。用儿童原型前、后腰围线在同一水平线上定位，领点前 FNP 点向下开深 0.5cm，画圆顺前领弧线，肩端点收进 1cm 再降低 0.5cm，把后余克移出来合并肩省量。

后片加碎褶份，把前、后侧缝差的量转移到余克的分割线，作为碎褶份。

灯笼袖用袖原型，加三条褶线，平移展开重新画好袖轮廓线。

领子：领子制图与图 2-6 娃娃服领制图方法相同。

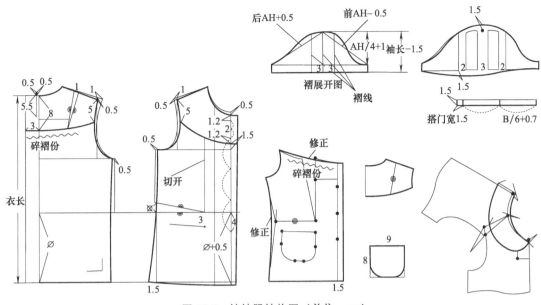

图 12-7　娃娃服结构图（单位：cm）

12.5　背心裙（身高 80~130cm）

[款式说明]

背心裙款式图如图 12-8 所示。这是一款实用的身高在 80~130cm 都可穿的背心裙，搭配不同的服饰，不同季节都可以穿。

[制图尺寸]

参考号型：110/56。衣长 55cm，胸围 66cm，肩宽 25cm。

[制图要点]

背心裙结构图如图 12-9 所示。原型前片腰围线低于后片腰围线 0.5cm 定位。后片小肩线平行提高 0.5cm，后肩端点收进 2cm，胸围线下落 2cm，开深袖窿，后片胸围收进 1cm，前片胸围收进 0.5cm，下摆按图 12-9 放出。把前后侧缝差省量转移到袖窿，按衣片转省图转省，修正侧缝线。

图 12-8　背心裙款式图

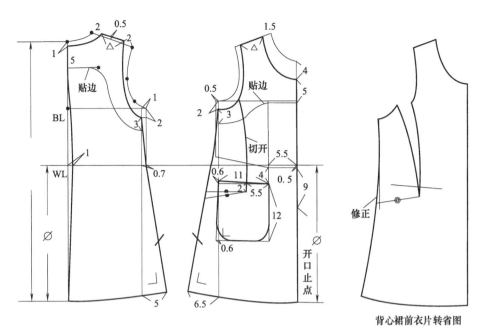

图 12-9 背心裙结构图（单位：cm）

12.6 女童连衣裙（身高 135～155cm）

［款式说明］

女童连衣裙款式图如图 12-10 所示。这款基本型的连衣裙，衬衫领，泡泡袖，裙子用 45°斜纱，整体给人很正式的感觉，但又不失活泼可爱，是女童服装具有代表性的款式。

图 12-10 女童连衣裙款式图

［制图尺寸］

参考号型：145/68。衣长 86cm，背长 35cm，胸围 78cm，腰围 64cm，领围 33cm，袖长 50cm，袖口 17cm。

［制图要点］

女童连衣裙结构图如图 12-11 所示。

前片原型腰围线低于后片腰围线 1cm 定位。

领口：配合立翻领，领围前中心点下降 0.5cm。

前、后胸围各收进 1cm，减小胸围和袖窿弧。

肩宽减小是为配合泡泡袖的造型。

裙片：以衣片腰口尺寸和裙长为宽和长作矩形。展开下摆，前、后中心线是连折线，纱向为 45°斜纱。

领子：是合体的立翻领，由立裁结果得到，制图原理请参照衬衫领。

袖子：袖子制图方法参照泡泡袖制图方法。

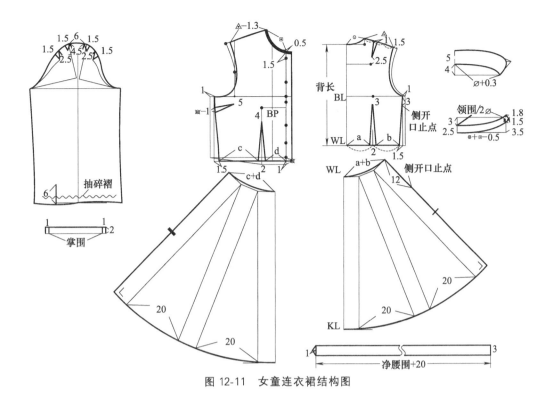

图 12-11　女童连衣裙结构图

12.7　男童西服两款

[款式说明]

这两款男童西服款式与双排扣戗领六粒扣男西服比较相似，根据男童体型特点以及孩子活泼爱动的需要，加大了放松量，结构上做了一些简化。当一个调皮的男孩子穿上西服时会像一个小绅士，在不觉中举止也会变得优雅、清新。

（1）身高 150～160cm 双排扣戗领六粒扣男童西服款式图如图 12-12 所示。

[制图尺寸]

参考号型：160/80。衣长 67cm，胸围 98cm，肩宽 41.6cm，袖长 57cm，袖口 13.5cm。

[制图要点]

制图参照双排扣戗领六粒扣男西服。

身高 150～160cm 的男童西服适合较正式的双排扣，戗领六粒扣款式，结构图如图 12-13 所示。

（2）身高 145cm 以下的半戗领男童西服款式图（图 12-14）。

[制图尺寸]

参考号型：145/68。衣长 61cm，胸围 86cm，肩宽 38cm，袖长 53cm，袖口 12.5cm。

[制图要点]

身高 145cm 以下的男童西服可按图简化并做成半戗领，如图 12-15 所示。

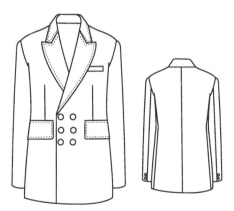

图 12-12　身高 150～160cm 双排扣戗领六粒扣男童西服款式图

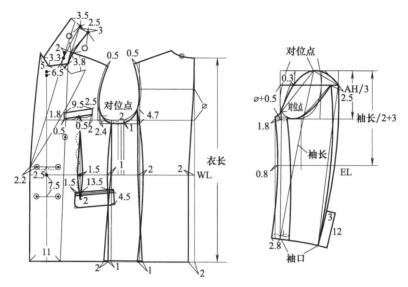

图 12-13 身高 150～160cm 双排扣戗领六粒扣男童西服结构图（单位：cm）

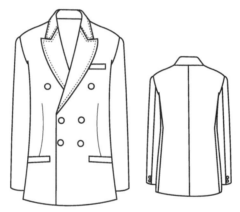

图 12-14 身高 145cm 以下的半戗领男童西服款式图

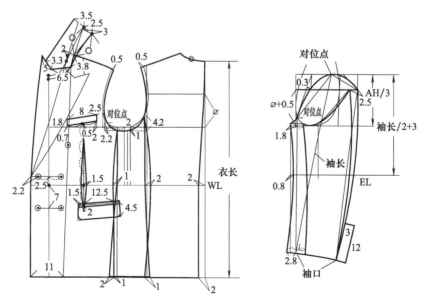

图 12-15 身高 145cm 以下的半戗领男童西服结构图（单位：cm）

参考文献

[1] 但玲，杨慧. 服装制作工艺 基础篇 [M]. 3 版. 北京：北京理工大学出版社，2020.

[2] 郑淑玲. 服装制作基础事典 [M]. 郑州：河南科学技术出版社，2016.

[3] 刘建平. 服装裁剪与缝纫轻松入门 [M]. 北京：化学工业出版社，2011.

[4] 王健，王京菊. 图解实用服装实例：裁剪制作技法完全解析 [M]. 北京：化学工业出版社，2017.

[5] 徐丽. 女装的制板与裁剪 [M]. 北京：化学工业出版社，2020.

[6] 叶淑芳，王铁众. 女童装设计与制作 [M]. 北京：化学工业出版社，2017.

[7] 常元，芮滔. 男童装设计与制作 [M]. 北京：化学工业出版社，2017.

[8] 刘锋. 图解服装裁剪与缝纫工艺：基础篇：[M]. 北京：化学工业出版社，2020.

[9] 陈贤昌，曾丽，何韵姿，等. 服装款式大系——男西装·裤子款式图设计 800 例 [M]. 上海：东华大学出版社，2018.

[10] 胡莉虹，张华玲. 服装制板师岗位实训（上下册） [M]. 北京：中国纺织出版社，2018.

[11] 张文斌. 服装制版·基础篇 [M]. 2 版. 上海：东华大学出版社，2017.